BOUTON D'OR

Vaudeville Militaire en 2 Actes

DE M. ÉMILE HERBEL

4 H. — 3 F.

Créé à la Fauvette, Chansonia *et* Fantasio
Mise en scène de M. MAURAISIN.

SOCIÉTÉ LYRIQUE

Prix net : **2 fr. 50**

PARIS

G. KRIER, Editeur, 51-53, Faubourg Saint-Denis

1913

BOUTON D'OR

VAUDEVILLE MILITAIRE EN 2 ACTES

de M. Emile HERBEL

RÉPERTOIRE DE LA
SOCIÉTÉ DES AUTEURS DRAMATIQUES
10, Rue Chaptal — PARIS

BOUTON D'OR

Vandeville Militaire en 2 Actes

DE M. ÉMILE HERBEL

4 H. — 3 F.

Créé à la **Fauvette**, **Chansonia** et **Fantasio**
Mise en scène de M. MAURAISIN.

SOCIÉTÉ LYRIQUE

Prix net : **2 fr. 50**

PARIS

G. KRIER, Éditeur, 51-53, Faubourg Saint-Denis

1913

PERSONNAGES

	Distribution
Nicolas BALDAQUIN, dit *Boulon d'Or*, 21 ans, *ordonnance*	MM. Pauley.
Barbarin POILDEGRU, *explorateur*, 40 ans, *mari de Zinette*	Mottay.
Octave PIMPONDOR, *lieutenant d'infanterie*, 27 ans	Yarel.
Amilcar de CORNEBOEUF, *lieutenant*, 30 ans	A. Lorrain.
Le COLONEL des MOULIÈRES, 50 ans	J. Lorrain.
VETIVER, *ordonnance*	Farga.
BERNARDIN, *poseur de robinets*	Le Brasseur.
ZINETTE, *femme de Poildegru et maîtresse d'Octave*, 24 ans	Mmes Sévillia.
ALFRÉDINE, *bonne de Zinette*, 20 ans..	Delille.
Mme DES MOULIÈRES, 28 ans...........	Duvernot.
Irma DES MOULIÈRES, 18 ans, *fille du Colonel*	Clairette.

De nos jours. Le 1er acte se passe chez Pimpondor ; Le 2e acte chez le Colonel.

BOUTON D'OR

ACTE PREMIER

Le terrible Poildegru

Une pièce servant à la fois de fumoir et de petit salon, chez le lieutenant Octave Pimpondor.
Fenêtre au fond, porte d'entrée à gauche, 2e plan.
A gauche, 1er plan, salle à manger.
A droite, 1er plan, chambre à coucher.
A droite, 2e plan, porte du cabinet de toilette.
En scène, vers la gauche, un canapé, vers la droite, un guéridon, deux chaises. Meubles divers. Mobilier coquet sans être luxueux.
Sur le guéridon, une bouteille de Porto et deux verres à madère ; des cigarettes, des allumettes, un vase avec des fleurs.

SCÈNE PREMIÈRE

ZINETTE (1), OCTAVE (2), ALFRÉDINE (3)

Au lever du rideau, Zinette, en coquet déshabillé, est presque couchée sur le canapé. Près d'elle, Octave, en pantalon d'uniforme, mais en bras de chemise, frotte une allumette et la présente, allumée, à la cigarette que Zinette s'apprête à fumer. Alfrédine, près du guéridon, verse du Porto dans les verres.

OCTAVE

Zizi ! c'est bon une station sur la ligne directe de l'amour dans le train express du désir.... N'est-ce pas chérie à moi ?

ZINETTE, *allumant sa cigarette*

Pour sûr... Cinq minutes d'arrêt.... bouffée !

ALFRÉDINE, *apportant ... ...*

Remerciements ... ... gratitude ... et obligeance ...

OCTAVE

Porto ! vin tonique et reconstituant... *(Buvant.)* Faisons-lui bon accueil... Ah ! j'en ai besoin de reconstituant.

ZINETTE

Tu te calomnies...
(Alfrédine pose le plateau sur le guéridon et reste au-dessus.)

OCTAVE

Moi ! pas du tout... Je t'assure que le petit voyage de tout à l'heure m'a coupé bras et jambes...

ZINETTE

Ça repoussera... Es-tu donc si à plaindre ?

OCTAVE

A plaindre ? non... A soigner, oui... Alfrédine, un peu de Porto.

ALFRÉDINE

(riant, apporte le plateau pour qu'il pose son verre)
Il est de fait qu'avec Madame, ça a marché !...

ZINETTE

Comment ! ça a marché ?

ALFRÉDINE

Ou plutôt, j'crois que c'est Madame qui marchait... Elle en poussait des petits cris... et des soupirs donc... des soupirs à chavirer un aéroplane...

ZINETTE, *colère se lève*

Alfrédine ! je te défends...

OCTAVE, *la retient*

Bah !... laisse-la dire... ce qu'elle raconte là, ça me flatte, moi, ton amant...

ALFRÉDINE, *riant*

Ah ! Madame elle s'embêtait pas... Seulement, moi, ça me chiboulait... vu que quand Madame elle s'amuse, moi j'voudrais bien ne pas m'ennuyer... Quand madame elle se fait embrasser, j'voudrais bien me faire bécotter aussi...

ZINETTE

Ton amoureux s'en chargera.

ALFRÉDINE

Un amoureux, j'en ai plus depuis que ce coquin de Bernardin est rentré dans le civil.

OCTAVE

Ainsi, avec Bernardin, mon ancien ordonnance, tu...

ALFRÉDINE

Je... et comment !

ZINETTE

Quel toupet ! cette Alfrédine !

ALFRÉDINE

Dame, pendant que Madame trompe ici, avec son petit lieutenant, son Poildegru de mari, moi, je filais le parfait amour avec l'ordonnance de l'amoureux de Madame... Ah ! c'était bien commode ! (*Repose le plateau*).

OCTAVE

Allons, ne gémit plus... j'attends d'une minute à l'autre le remplaçant de Bernardin...

ALFRÉDINE, *intéressée s'approche*

Ah !... (*Vivement*) Est-il blond, brun, grand, petit, gras, mince, laid, gentil, gai, triste, dégourdi ou bébête ?

OCTAVE

Je n'en sais rien... enfin, s'il est bébête, tu le dégourdiras...

ZINETTE

Et puis que t'importe, c'est toujours un homme... C'est le principal...

ALFRÉDINE

Ça, c'est vrai... Un homme c'est le principal, quand on a un tempérament comme le mien ou celui de Madame...

ZINETTE

Merci bien.

OCTAVE

Dame ! il est de fait que comme tempérament !

ZINETTE

Vas-tu te taire ?

ALFRÉDINE

N'empêche que, pas plus que moi, Madame ne pourrait se passer d'amoureux... Je ne connais pas mon patron, puisqu'il était déjà en voyage quand Madame m'a pris à son service... mais je suis sûre que, s'il n'y avait pas d'autre homme dans le pays, Madame le trouverait aimable comme tout et mignon comme un coq en sucre...

ZINETTE

Alfrédine tu exagères...

OCTAVE

Tu franchis à pieds joints les limites de l'invraisemblable...

ALFRÉDINE

C'est point sûr...

ZINETTE

On voit bien que tu ne connais point mon mari... le célèbre Poildegru...

OCTAVE, *appuyant*

Barbarrrrin Poildegrrrru..,

ZINETTE, *même jeu*

Explorrrrrateur...

OCTAVE

Rateur surtout...

ZINETTE

Velu, poilu, barbu...

OCTAVE

Poil aux oreilles,

ZINETTE

Poil aux yeux...

OCTAVE

Poil au nez...

ALFRÉDINE

Poil partout...

ZINETTE

La terreur des tigres, des lions, des panthères...

OCTAVE

Mais qui ne ferait pas de mal à un chat...

ZINETTE, *petit soupir*

Hélas ! non !

— 9 —

OCTAVE

Comment ! tu regrettes cette... défaillance de Poildegru ?

ZINETTE

Non... Ah ! dame, au commencement de mon mariage
j'avoue que je regrettais l'abstention amoureuse de mon
ours de mari... Avec lui en amour c'est toujours le carême.

ALFRÉDINE

C'était dur...

ZINETTE, *petit soupir*

Pas assez !... Vrai c'était enrageant que d'avoir pour
mari un gaillard velu comme un singe, mais l'air solide et
qui, en amour, ne l'est pas du tout, solide. On se dit : « Il
n'est pas joli, joli... mais au moment... psychologique, ce
qu'il doit être un peu là... » Eh bien, non, erreur complète,
il n'est jamais là... Personne...

ALFRÉDINE

C'est vexant...

OCTAVE

Mais je suis venu... moi... et (*gentiment*). Je suis là...

ZINETTE, *lui sautant au cou*

Oh ! oui ! oh ! oui !... Ah ! Tatave !

OCTAVE

Ah ! Nénette... (*Ils s'enlacent*).

ALFRÉDINE, *geste de sonner*

Dig ! Dig !... On peut entrer...

OCTAVE

C'est vrai... il ne faut plus s'embrasser devant Alfrédine
tant que mon nouvel ordonnance ne sera pas arrivé.

ALFRÉDINE

Revenons à vot' mari... ça vous calmera...

ZINETTE

Tu as raison... Donc, au moment où je déplorais ma
jeunesse gâchée, Octave m'a été présenté par mon mari...

OCTAVE

Par l'entremise d'un ami, j'étais entré en relations avec
Poildegru...

ALFRÉDINE, *riant*

Ça fait que vous avez eu des relations avec sa femme.

ZINETTE

Juste !... et ça n'a pas traîné... Pense, mon gentil Octave dans mon ménage, c'était la source dans le désert...

OCTAVE

Dont Poildegru était le chameau...

ZINETTE

Grâce à de hautes relations, Octave a obtenu pour mon mari une mission officielle d'exploration en Afrique centrale... Et Poildegru, ravi, est parti pour deux ans. Deux ans de liberté pour Zinette.

OCTAVE

De paradis pour Octave !...

ZINETTE

Sitôt Poildegru parti, je suis venu rejoindre Octave ici, à Romorantin...

OCTAVE

Et nous y filons le parfait amour...

ALFRÉDINE

Y a longtemps qu'il est parti, le Poildegru ?

ZINETTE

Huit mois... il ne reviendra que dans seize mois, tu vois nous avons encore le temps.

OCTAVE

Heureusement, nous ne sommes pas encore de la classe...

ALFRÉDINE

Dites donc, s'il allait revenir avant...

ZINETTE, *sursautant passe* (2)

Malheureuse ! ne dis pas ça...

OCTAVE (1)

Touche du bois... touche du bois...

ALFRÉDINE (3)

Ben quoi ? il n'est pas si terrible que ça...

ZINETTE (2)

Il est plus que terrible... épouvantable !

OCTAVE

D'une jalousie... turque...

ZINETTE

Il me l'a dit mille fois, il massacrerait celui qui touche-
rait à sa femme...

ALFRÉDINE

Mais puisqu'il ne s'en sert pas !...

OCTAVE

N'importe ! c'est le chien du jardinier qui ne mange pas
sa soupe et mord ceux qui s'en approchent...

ZINETTE

S'il pouvait supposer que je le trompe... ce serait terrible... il me semble que j'entends...
(Coup de sonnette).

ZINETTE, *poussant un petit cri*

Ah !... (*Tremblant*). Si c'était lui... *passe 3, extrême-
droite.*

OCTAVE (1), *se lève*

T'es bête !... puisqu'il est en Afrique...

ALFRÉDINE (2), *peu rassurée*

... Centrale.

ZINETTE

C'est vrai... C'est Alfrédine qui m'a troublé le cerveau
avec ses suppositions... Je voyais déjà s'ouvrir cette porte,
et j'entendais une voix crier...

SCÈNE II

LES MÊMES ; BOUTON D'OR

(*La porte s'entrouvre 2e plan gauche. On voit passer la tête
ahurie de Bouton d'Or. Il est en soldat, ses cheveux sont d'un
blond très jaune*).

BOUTON D'OR (2)

On peut entrer ?...

ZINETTE (4) *et* ALFRÉDINE (3), *apeurées*

Ah !

OCTAVE (1)

Qu'est-ce que cela ?

BOUTON D'OR, *entrant*

Ça, mon yeutenant, c'est vot' nouvel ordonnance... (*Se présentant*). Nicolas Baldaquin, dit Bouton d'Or.

ALFRÉDINE

Oh ! c'tte bonne tête.

BOUTON D'OR

Bonne tête et bon caractère... Dévoué comme un caniche, fort comme un bœuf et malin comme un singe...

ZINETTE

Oh ! malin !... il n'en a pas l'air...

BOUTON D'OR

Voui ! mais j'en ai la chanson... Pour porter un billet doux, flanquer un créancier à la porte ou parer un sale coup pour le patron, il est là, Bouton d'Or... il est toujours là...

OCTAVE

C'est vrai... ton ex-patron, le lieutenant de Cornebœuf, qui a bien voulu te céder à moi, m'a fait ton éloge...

BOUTON D'OR

Et il a point z'eu tort... avec mon air bête et ma vue basse, je fais la pige à n'importe duquel.

OCTAVE

On verra ça...

ALFRÉDINE

Et... pour l'amour... es-tu là aussi...

BOUTON D'OR, *à Octave*

Est-ce que... le machin du chose de l'amour ça fait aussi partie du service ?...

OCTAVE

Alfrédine le prétend... et moi, je l'autorise.

ALFRÉDINE

Oui ? l'enfant gras... ici, il faut que l'ordonnance me fasse la cour...

BOUTON D'OR

J'vous la ferai la cour... j'vous f'rai même le jardin
avec... J'suis bon à tout...

ZINETTE

Au moins, connaissez-vous le service ?

BOUTON D'OR

Si je l'connais... le service et moi on est des copains...
D'abord, quand on a servi chez le lieutenant de Cornebœuf
on connaît tout... En voilà un qui n'est pas commode, le
lieutenant de Cornebœuf... Toujours en train de jurer, de
sacrer... Un vrai n'hérisson...

OCTAVE

C'est assez exact...

BOUTON D'OR

Eh bien ! moi, j'avais su l'empaumer, M'sieur de Cornebœuf... J'vous dit que j'suis tout seul de mon matricule... Y a pas deux Bouton d'Or, y en a qu'un et celui-
là, c'est moi...

ZINETTE

Quel drôle de nom, Bouton d'Or !

BOUTON D'OR

C'est un surnom... Un *saute-briquet*... De mon vrai nom
j'm'appelle Baldaquin... Nicolas Baldaquin...

ALFRÉDINE

Mazette !

BOUTON D'OR

C'est un nom un peu chouette ! hein ! seulement, on
m'appelle jamais comme ça... On m'appelle Bouton d'Or,
à cause de mes cheveux qui sont de c'tte couleur-là. (*Il se
découvre*).

OCTAVE, *riant*

Epatante ta chevelure.

ALFRÉDINE

Un vrai citron !

ZINETTE

Une belle citrouille...

Allez ! allez ! vous gênez pas... Rigolez de ma tête, n'empêche qu'il n'y en a pas deux de c'tte couleur-là... j'vous l'dis... J'suis l'unique.

ALFRÉDINE

Tunique !

BOUTON D'OR

Tout seul ! quoi !.. Maintenant, mon yeutenant, quoi que j'vas faire.

OCTAVE

Voyons... Pendant qu'Alfrédine va aller ranger au rez-de-chaussée, toi tu vas passer un tablier... Il y en a par là... (Il montre le 1er plan gauche).

BOUTON D'OR

Bon ! et quand que j'aurai le *tabellier* quoi que j'ferai ?... Oh ! craignez pas de m'donner d'l'ouvrage difficile... j'ai tout faire, moi... et puis d'une adresse... J'casse jamais rien.

ZINETTE

Eh bien, vous mettrez en ordre la salle à manger.

BOUTON D'OR

C'est facile... tout ça... c'est trop facile...
(Il va vers le 1er plan gauche).

ALFRÉDINE, *près de la porte d'entrée 2e plan gauche*

Eh ! beau blond, emportez donc la bouteille et les verres...

BOUTON D'OR

Voui ! belle brune !... (Il rit lourdement), Belle brune... de mirabelle... (Il rit en prenant le plateau). C'est un jeu de mots, ça... (S'en allant). C'est que j'ai d'l'esprit, moi... et d'l'adresse, donc... (Il ouvre la porte 1er plan gauche). J'casse jamais rien... (Sur les derniers mots, il butte, et disparaît en trébuchant. Bruit de verre cassé).

SCÈNE III

OCTAVE, ZINETTE, ALFRÉDINE

OCTAVE (1)

Sapristi ! mon Baccarat !

ZINETTE

Je crois que Bouton d'Or vient de le répandre...

ALFRÉDINE

Quel type !... (*l'imitant*). J'casse jamais rien. (*Elle sort par le 2ᵉ plan gauche en simulant une chute*). Patatras !

SCÈNE IV

OCTAVE, ZINETTE, *puis* BOUTON D'OR

ZINÈTE (2), *assise à gauche du guéridon*

Quel balourdeau !

OCTAVE (1)

Bah ! il paraît que c'est un brave garçon, et Cornebœuf m'a affirmé qu'il est réellement moins bête qu'il n'en a l'air.

ZINETTE

Tant mieux pour lui... et pour nous...

BOUTON D'OR (1), *rentre, un tablier blanc à la main*

Mon Yeutenant, v'là un journal qu'il était sur la table de la salle à manger. (*Il le tend à Octave, mais son tablier traîne à terre, il marche dessus, trébuche et va tomber sur Octave qui le renvoie sur le canapé*). Carambolage !

OCTAVE (2)

Maladroit !... brise-tout !

BOUTON D'OR, *près du canapé*

Erreur ! mon yeutenant... j'casse jamais rien...

ZINETTE

Pourtant tout-à-l'heure, ce bruit de verre cassé...

BOUTON D'OR

Oh ! je n'en ai brisé qu'un... ah ! et puis la bouteille... mais c'est un n'hasard... un vrai n'hasard... J'casse jamais rien...

OCTAVE

Tâche que ce hasard ne se renouvelle pas... Range un peu ici, pendant ce temps, je vais aller par là lire mon journal.
(*Il montre le 1er plan gauche*).

ZINETTE

Moi, je passe dans le cabinet de toilette.
(*Elle sort 2e plan droite*).

OCTAVE *à Bouton d'Or*

Attention au mobilier !

BOUTON D'OR, *passe* (2) *en allant vers un meuble*

Soyez donc tranquille, mon yeutenant, j'casse jamais... (*Il heurte une chaise, manque de tomber, sauve la chute, et, souriant, termine sa phrase*)... rien...

OCTAVE

Heureusement... (*Il sort 1er plan gauche en emportant le journal*).

SCÈNE V

BOUTON D'OR, *puis* ALFRÉDINE

BOUTON D'OR, *seul passe à droite*

Il a pas l'air d'avoir confiance, le yeutenant... eh bien, il a tort... C'est vrai, ça, que j'casse jamais rien... j'suis d'une adresse ! J'voudrais casser quéqu'chose que j'pourrais pas ! (*Il étend le bras et renverse le vase contenant les fleurs*).

(*Entre 2e plan gauche* (1) ALFRÉDINE *qui a entendu et vu*

C'est vrai ! vous ne le pourriez pas...

BOUTON D'OR

C'est encore un n'hasard, un simple n'hasard...

ALFRÉDINE

Ousqu'est le lieutenant ?

BOUTON D'OR

Là (*Montre 1ᵉʳ plan gauche*).

ALFRÉDINE

Et Madame ?

BOUTON D'OR

Là... dans le cabinet de toilette... (*Montre 2ᵉ plan droite*).

ALFRÉDINE

Ousqu'elle doit être en train de faire la sienne de toilette.

BOUTON D'OR

Nom d'un matricule, j'voudrais bien voir ça !
(*Il se précipite pour regarder par le trou de la serrure. Elle le tire par le fond de son pantalon et le fait tourner*).

ALFRÉDINE (2)

En v'là un enragé...

BOUTON D'OR (1)

Pour ce qui est du beau *sesque*, je le suis toujours enragé...

ALFRÉDINE

Cette rage là n'est pas dangereuse...

BOUTON D'OR

Des fois...

ALFRÉDINE

Je saurai la calmer, moi... J'ai le remède...

BOUTON D'OR

Comme à l'Institut *Pasteleur*...

ALFRÉDINE

Juste !

BOUTON D'OR

Vous m'ferez une piqûre !

ALFRÉDINE

Au contraire... (*Se frottant contre lui*). Grosse bête.

BOUTON D'OR, *dos à dos avec elle*

(*Riant bêlement*). Eh ! eh ! eh !

ALFRÉDINE, *même jeu*

Ah ! ah ! ah !

BOUTON D'OR, *imitant le pigeon*

Prrr ! prrr ! prrrrr !

ALFRÉDINE, *imitant la poule*

Cot, cot, cot, codette !

BOUTON D'OR, *se dressant sur ses pieds*

Cocorico !
(*Il l'embrasse*).

ALFRÉDINE, *emballée*

Oh ! t'es chouette ! t'es chouette ! t'es chouette !

BOUTON D'OR

C'est c'que m'ont dit tout's les fumelles.

ALFRÉDINE

J'vas t'aimer... moi...

BOUTON D'OR, *grandiose*

Je vous y autorise...

ALFRÉDINE

Au moins, tu me seras fidèle ?

BOUTON D'OR

Peuh !

ALFRÉDINE

Tu ne briseras pas mon cœur.

BOUTON D'OR

Pas de danger... j'casse jamais rien...

ALFRÉDINE

Pense donc comme ça va être gentil d's'aimer tous les deux... Comme le lieutenant aime Madame...

BOUTON D'OR

Y sont pas mariés, hein ?

ALFRÉDINE

Non... Madame est la femme d'un nommé Poildegru, un voyageur parti chez les sauvages... explorer l'Afrique...

BOUTON D'OR

Et le lieutenant lui, il explore M'ame Poildegru... il l'explore dans les petits coins... Pas bête, le Yeutenant...

ALFRÉDINE

Madame a quitté Paris et est venue vivre ici, à Romorantin, avec le lieutenant... ah ! c'qu'il en porte, le Poildegru... un vrai chapeau...

BOUTON D'OR

Et sa femme a l'béguin... Et... il en a encore pour longtemps en Afrique le mari ?...

ALFRÉDINE

Encore dix-huit mois.

BOUTON D'OR

Chouette ! y a du bon !... dix-huit mois c'est pas un jour !

SCÈNE VI

LES MÊMES, OCTAVE puis ZINETTE

(Octave rentre comme un fou en brandissant le journal).

OCTAVE (2), *criant*

Zinette ! Zinette ! ah ! quelle aventure... Zinette !

BOUTON D'OR (1)

Quoi c'qu'y a, mon Yeutenant... C'est y que l'plancher y s'démantibule, c'est-y que le plafond danse le tango ?...

OCTAVE

Fichus ! nous sommes fichus ! Zinette ! Zinette !

ZINETTE (3), *rentrant en peignoir*

Qu'y a-t-il ? pourquoi ces cris ?

— 20 —

OCTAVE

Pourquoi ?... tiens, lis... ce journal va te l'apprendre.

ZINETTE, *prend le journal et tente de lire en tremblant*

Je... je ne peux pas... je suis trop émotionnée !

OCTAVE

D... donne... je vais lire (*Même jeu*). Impossible !

BOUTON D'OR

Donnez ! Je lirai, moi... (*Il prend le journal. Lisant*). Traitement complet par le 606...

TOUS

Oh !...

BOUTON D'OR

Pardon... j'm'as trompé. (*Il lit*). Le satyre de la rue de Villejuif... Une femme coupée en trois cent-dix-sept morceaux...

OCTAVE

Non... non... au bas de la 2ᵉ colonne...

BOUTON D'OR, *lisant*

« Arrivée de paquebot... Bordeaux, le 23 juillet. Le paquebot l'*Africain* des Messageries Maritimes, vient d'entrer dans notre port. Parmi les notabilités qui sont à son bord, signalons le célèbre explorateur Barbarin...

ZINETTE

tombe assise sur la chaise à gauche du guéridon.

Ciel !...

BOUTON D'OR, *continuant*

Barbarin Poildegru...

OCTAVE, *même jeu que Zinette sur le canapé*

Hélas !

BOUTON D'OR

« L'illustre Poildegru, va directement à Paris, retrouver une jeune épouse dont le devoir l'a forcé à s'éloigner. »

ALFRÉDINE (4), *même jeu à droite du guéridon*

Patatras !

ZINETTE

Perdue !

— 21 —

OCTAVE

Rien à faire !

BOUTON D'OR

Comment ! rien à faire ! au contraire, mon yeutenant s'agit de se grouiller...

OCTAVE, *se lève*

Quoi ? tu crois !...

BOUTON D'OR

Je crois qu'il est encore temps de monter le coup au cornard... Le paquebot est entré hier à Bordeaux... Le Poildegru a dû y passer la nuit... Il n'a dû partir pour Paris que ce matin...

OCTAVE

Eh bien ?

BOUTON D'OR

Eh bien ! faut que la petite dame elle fiche tout de suite le camp à Paris ousqu'elle arrivera avant son cocu de mari...

ZINETTE, *se lève*

Oui, oui, c'est cela !

ALFRÉDINE

C'est vrai qu'il est moins bête qu'il n'en a l'air...

OCTAVE, *à Zinette*

Vite !... habille-toi !...

ZINETTE, *à Alfrédine*

Avec Bouton d'Or, prépare la valise...

OCTAVE

Puis tu courras nous chercher une voiture...

BOUTON D'OR

Enfoncé ! enfoncé ! le cornard... y en a pas deux comme moi, y a pas à dire, y en a pas deux !...

ZINETTE, *montrant la porte gauche 1er plan*

La valise est là...

BOUTON D'OR

J'vas la chercher... (*Il sort à gauche 1er plan*).

ZINETTE, A ALFRÉDINE

Ma robe... vite !...
(Coup de sonnette)

OCTAVE

Encore un raseur... Alfrédine, va dire qu'il n'y a personne...
(Alfrédine sort 2ᵉ plan gauche).

SCÈNE VII

OCTAVE, ZINETTE puis BOUTON D'OR
puis ALFRÉDINE

ZINETTE (2)

Regarde donc sur l'*Indicateur* à quelle heure j'aurai un
train pour Paris.

OCTAVE (1)

Tout de suite... (*Il cherche sur les meubles*). Bon... je
ne trouve pas l'*Indicateur*...
(*Bruit de vaisselle cassée*).

ZINETTE

Qu'est-ce encore ?

BOUTON D'OR (1), *entre portant la valise*

C'n'est rien... c'est une potiche que j'ai attrapée avec la
valise...

OCTAVE (2)

Encore !

BOUTON D'OR

C'est épatant, vous savez, parce que, moi...

ZINETTE (3)

Vous ne cassez jamais rien...

BOUTON D'OR

C'est vrai...

ALFRÉDINE (2), *entrant vivement et fermant la porte*

Chut !...

OCTAVE (3)

Quoi chut !

ALFRÉDINE

Il est en bas...

ZINETTE (4)

Oui ?

ALFRÉDINE

Le cocu !

ZINETTE

Mon mari !

OCTAVE

Barbarin !

BOUTON D'OR (1)

Poildegru !

ALFRÉDINE

Oui...

TOUS, *sauf Bouton d'Or, désespérés, tombant assis*

Ah !

BOUTON D'OR, *tranquille*

Quoi ? Ah !... quoi ? ah !... Vous v'là tout de suite éber-
lués. Fallait lui dire que le lieutenant n'est pas là...

OCTAVE (3), *se levant*

C'est vrai...

ZINETTE (4), *même jeu*

C'est tout indiqué...

BOUTON D'OR, *passe (2)*

Y a que ça à faire...

ALFRÉDINE, *l'imitant*

Y a que ça à faire !... gros malin... C'est ce que je lui
ai dit... mais il ne veut rien savoir... il dit qu'un accident
de chemin de fer le bloque pour la journée à Romorantin
et qu'il attendra le lieutenant... Il dit aussi que M'sieur
Octave lui a écrit que, s'il vient à passer à Romorantin, il
considère sa maison comme la sienne...

ZINETTE (4), *à Octave*

Tu as écrit ça... toi ?...

OCTAVE (3)

Oui !...

ALFRÉDINE (1)

Aussi le Poildegru ne veut pas décoller.

ZINETTE

Cette fois, c'est la fin de tout...

OCTAVE

Oui !...

ALFRÉDINE

Oui !

BOUTON D'OR (2)

Non !!! Vous oubliez que je suis là... toujours là ! comme les montagnards... (Il chantonne):

Halte-là ! (ter)
M'sieur Bouton d'Or (bis)
Halte-là ! (ter)
M'sieur Bouton d'Or est là...

OCTAVE

Qu'est-ce que tu veux faire ?... Tu n'as pas la prétention de faire ficher le camp à ce gêneur...

BOUTON D'OR

Si... (A Alfrédine), Vite un uniforme à mon lieutenant...

ALFRÉDINE

Pour vous ?

BOUTON D'OR

Oui... va... (Alfrédine sort 1er plan droite).

SCÈNE VII

LES MÊMES moins ALFRÉDINE

OCTAVE (2)

Tu n'as pas l'espoir fallacieux de te faire passer pour moi...

ZINETTE (3)

Mon mari connaît Octave.

BOUTON D'OR (1)

Aussi, n'est-ce pas mon lieutenant qui va recevoir ici votre cornard de mari... c'est le lieutenant Amilcare de Cornebœuf... mon ancien patron... Et je vous prie bien de croire que, lorsque le Poïldegru aura goûté du Cornebœuf pendant un quart d'heure, il ne demandera qu'à ficher le camp.

SCÈNE VIII

LES MÊMES ; ALFRÉDINE

ALFRÉDINE, *rentre avec un dolman et un képi*

N'là un dolman et un képi... j'trouve pas de pantalon...

BOUTON D'OR (1)

Comment ! pas de phalzar !...

OCTAVE

C'est vrai... ils sont tous en réparation...

BOUTON D'OR

Ben alors, le dolman suffira... (*On sonne. A Alfrédine*).
Vl'à l'cocu qui s'impatiente... Va lui dire que l'ami
d'Octave va le recevoir... quand je sonnerai tu l'amèneras ;
après, tu iras chercher une guimbarde, va...

ALFRÉDINE

S'qu'il est épatant quand il commande ! amour va ! (*Elle
lui envoie un baiser et sort 2ᵉ plan gauche*).

SCÈNE IX

LES MÊMES *moins* ALFRÉDINE

OCTAVE (2)

Et nous ?

BOUTON D'OR (1)

Vous, mon lieutenant, vous allez vivement vous habiller
et faire habiller la petite dame. Quand j'aurai débarqué le
cornard, vous filerez à la gare... Ça colle ?

OCTAVE

Oui...

ZINETTE (3)

Non...

BOUTON D'OR

Comment, ça ne colle plus ?...

ZINETTE

Si mon mari s'en va d'ici, il peut nous rencontrer...

OCTAVE

C'est vrai !

BOUTON D'OR

Alors, au lieu de le débarquer, je l'emboîterai, voilà tout...

OCTAVE

Bouton d'Or, tu as du génie...

BOUTON D'OR

Non ! je suis dans les biffins... mais, vite... habillez-vous...
(Il les conduit à la porte de droite 1ᵉʳ plan).
Moi, je me déshabille.
(Octave et Zinette sortent).

SCÈNE X

BOUTON D'OR, puis ALFRÉDINE et POILDEGRU

BOUTON D'OR, ôtant sa veste

C'est pas la peine d'avoir t'été z'à l'école de Saint-Cyr et tout le tremblement pour pas seulement savoir se dém... se débrouiller quand ça pète à la chambrée... (Il ôte sa culotte). Moi, qu'a t'été qu'à l'Ecole primaire laïque et obligatoire, j'sais me débrouiller... surtout quand il y a du pétard... (En caleçon, se retournant pour ramasser ses vêtements). Et c'tte fois, y a pas à dire, y a du pétard... y en a (Il prend ses vêtements, cherche à les cacher et finit par les glisser sous le canapé). Ben ! foi d'Bouton d'Or, j'aime ça les situations difficiles... (Il met le dolman du lieutenant qui doit lui aller fort mal). J'entre dedans... mieux qu'dans le dolman du lieutenant... Là... l'képi maintenant... (Se pavanant en caleçon, dolman, képi). On en jette un peu en officier... Là, maintenant, recevons le Poildegru... recevons-le en caleçon, puisque j'ai pas d'pantalzar...

Y va voir mes formes apollonesques... dommage que ça
soit pas une femme... (Il sonne). Elle en baverait des
ronds d'chapeau... (Ecoutant). Le v'là l'Poildegru...
qu'est-ce qu'il va prendre pour son rhumatisme... (Il se
carre sur la chaise à gauche du guéridon, et se met à
siffloter).
(Alfrédine introduit Poildegru).

ALFRÉDINE, montrant Bouton d'Or)

Le v'là l'ami du lieutenant Pimpondor... Arrangez-vous
avec lui... Au revoir !...
(Elle sort 2e plan gauche).

SCÈNE XI

BOUTON D'OR (2), POILDEGRU (1)

(Poildegru, sorte de Tartarin, poilu, moustachu, costume
colonial. Valise à la main).

POILDEGRU (1), agressif

Bonjour, Monsieur !...
Bouton d'Or, continue à siffler

POILDEGRU

Monsieur le lieutenant, bonjour !...
(Même jeu de Bouton d'Or).

POILDEGRU

Ah ! c'est trop fort ! (Il laisse tomber sa valise).

BOUTON D'OR

C'est trop fort en effet... Vous n'avez pas fini d'faire un
bouzin pareil et de déranger les gens qu'a rien à faire...

POILDEGRU

Monsieur, votre attitude est une injure, ou une plaisanterie de mauvais goût... Je ne peux accepter ni l'une... ni
l'autre.

BOUTON D'OR

J'm'en fous...

POILDEGRU

Ah ! mais Monsieur ! la moutarde me monte au nez...

BOUTON D'OR

Prenez un bain d'pieds très chaud, ça la fera descendre.

POILDEGRU *hors de lui*

Monsieur !

BOUTON D'OR, *se levant l'air furieux*

Monsieur !

POILDEGRU

Vous ne me connaissez pas, Monsieur !

BOUTON D'OR

Et j'tiens pas à faire connaissance, Monsieur...

POILDEGRU, *roulant les r*

Je me nomme, Poildegru, Monsieur... Barbarin Poildegru...

BOUTON D'OR, *même jeu*

Et moi, Cornebœuf... le lieutenant Amilcar de Cornebœufre.

POILDEGRU

Tueur de tigres ! Monsieur !

BOUTON D'OR

Tueur de puces... Monsieur !

POILDEGRU

Ami du lieutenant Octave Paimpondor... Monsieur !

BOUTON D'OR

Moi aussi, Monsieur !
(*Ils sont nez à nez*).

POILDEGRU

Je vous demanderai raison de vos insultes, Monsieur !

BOUTON D'OR

Quand vous voudrez... Monsieur...

POILDEGRU, *prêt à lui manger le nez*

Tonnerre de Madagascar... tonnerre du Zambèse !

BOUTON D'OR

Zambèse ! zambèse mon c... aleçon ! (*geste de montrer son derrière. Passe 1*).

POILDEGRU (2)

Ah ! ah ! elle est jolie, l'hospitalité de mon ami Pimpondor.

BOUTON D'OR (1)

Puisqu'il est pas là, faut bien que je vous reçoive à sa place...

POILDEGRU

Agréable façon de recevoir les gens.

BOUTON D'OR

Agréable... j'tiens pas à l'être... Et puis quoi... j'suis bien tranquille, chez mon ami Octave, et v'là qu'vous venez déranger mes petites habitudes... alors, j'vous engueule... c'est naturel... D'abord vous avez une fiole trop moche à voir...

POILDEGRU, *furieux*

Fiole !

BOUTON D'OR

Une bobine à mettre dans un cerisier.

POILDEGRU

Bobine !

BOUTON D'OR

Pour faire peur aux moineaux...

POILDEGRU

Il y a de quoi attraper une apoplexie... (*Il se laisse tomber sur une chaise à gauche du guéridon*).

BOUTON D'OR *enlevant vivement le siège*

Pas sur celle-là... elle est pas solide.

POILDEGRU, *tombe à terre*

Aïe !

BOUTON D'OR, *tranquille*

Pourquoi qu'vous vous assisez par terre... en v'là une drôle d'idée...

POILDEGRU, *se relevant difficilement*

Je me suis cassé le coccyx...

BOUTON D'OR, *goguenard*

La chaise est pas solide... mais y a l'canapé... pas besoin de vous assir par terre... Ah ! j'y suis, une vieille habitude d'explorateur !

POILDEGRU, *qui s'est relevé*

Votre façon d'agir est inqualifiable (*passe 1*)

BOUTON D'OR (2)

Eh ! bien ! la qualifiez pas... J'vous demande pas votre avis...

POILDEGRU

Et moi, j'vous le donne... Vous êtes... un... un... je ne trouve pas le mot...

BOUTON D'OR

Vous en êtes un autre...

POILDEGRU, *ahuri*

Oh ! c'est à perdre la tête.

BOUTON D'OR

Vous prendrez une autre bobine... sans blague, vous ne pourrez que gagner au change !

POILDEGRU

Ça n'est pas possible !... je deviens fou !...

BOUTON D'OR

Oh ! vous l'devenez pas, loufting... y a longtemps qu^e vous devez avoir un n'hanneton dans la boîte à graisse...

POILDEGRU

Mon ami Pimpondor m'a toujours dit, toujours écrit : « Quand vous passerez à Romorantin, venez chez moi, vous y serez comme chez vous ».

BOUTON D'OR

Il en a de drôles d'idées, Pimpondor.

POILDEGRU

Aujourd'hui, je subis un accident de chemin de fer... J'y échappe par miracle... Une minute plus tôt, ça y était !

BOUTON D'OR

Y a toujours du retard sur ces sacrés chemins de fer.

POILDEGRU

C'était à 10 minutes d'ici... je pense à Pimpondor...

BOUTON D'OR

Fâcheuse pensée !

POILDEGRU

J'accours, croyant trouver un accueil agréable, et je suis reçu par un monsieur...

BOUTON D'OR

Pardon... officier, s. v. p... lieutenant Amilcar de Cornebœuf, du 737° de ligne...

POILDEGRU, *continuant*

Un Monsieur dans une tenue ridicule...

BOUTON D'OR

Quoi ? quoi ? ridicule ; c'est une nouvelle tenue d'été... dessinée par feu Détaille... une tenue tout c'qu'y a de plus chocnosoff...
(*Il se pavane*).
Et j'peux dire que je la porte bien.

POILDEGRU; *ironique*

Oui ! ça va bien à votre genre de beauté !...

BOUTON D'OR

Mon genre de beauté, non mais, vous vous êtes pas regardé... y a donc pas de glace dans vot'chambrée...

POILDEGRU

Une glace ! ah ! votre accueil en a été une glace... une banquise, même !... Au lieu de l'accueil courtois que j'espérais, je n'ai reçu que des injures grossières...

BOUTON D'OR

Dites donc ! vous saurez qu'j'ai rien de grossier... j'suis tout c'qu'y a de plus distingué... (*Il crache*). Vous pouvez en prendre de la graine... (*Il fait des manières*).

POILDEGRU

En tout cas... je ne prendrai pas racine ici...

BOUTON D'OR

Ah ! j'vous retiens pas... j'déchirerai pas votre paletot pour vous retenir...

POILDEGRU

Oui, je pars... mais vous aurez de mes nouvelles... M. de Cornebœuf...
(*Il prend sa valise*).

BOUTON D'OR

Quand vous voudrez... Monsieur Poilde machin...
(Poildegru le toise, enfonce son chapeau, et va vers la porte).

BOUTON D'OR (2)

Ça y est... il fait la fuite... chouette...
(Poildegru est prêt à sortir, il toise Bouton d'Or).

BOUTON D'OR, *à part*

Brute que j'suis... j'avais promis d'l'emboîter... Ça n'va
plus... *(Haut)*. M'sieu Poildegru !...

POILDEGRU (1)

Monsieur...

BOUTON D'OR

Faut pas vous en aller si vite que ça... *(A part)*.
Amadouons-le... *(Haut)*. On a pas eu le temps de faire
connaissance.

POILDEGRU, *hargneux*

Je trouve que nous avons assez fait connaissance comme
ça...

BOUTON D'OR, *très aimable*

Allons, allons, vous n'allez pas m'en vouloir pour
quelques mots à la blague...

POILDEGRU

A la blague !

BOUTON D'OR

Oui... c'était pour la rigolade... parce que moi, j'suis
une bonne nature... alors quand qu'j'ai vu qu'j'avais à faire
à un homme qu'a une bonne tirelire comme vous, j'm'ai
dit : « J'vas faire une blague à M'sieu Poildegru... ça fait
qu'on rigolera... » *(Riant, tandis que Poildegru fait une
drôle de tête)*. Ah ! ah ! ah !... et on a rigolé, hein ! mon
vieux Poildelapin... allons, faut faire risette aussi... *(Le
chatouillant)*. Faites risette au monsieur...

POILDEGRU

Je ne sais pas si je dois croire...

BOUTON D'OR

Vous l'pouvez... vous l'pouvez... *(Lui prenant sa valise)*.
D'abord, j'vous dévalise... *(Pose la valise fond droite)*.

POILDEGRU

Un pareil changement ! je rêve.

BOUTON D'OR, *montrant une chaise*

Maintenant assisez-vous...

POILDEGRU

(*Passe* (2) *et va pour s'asseoir, Bouton d'Or retire encore la chaise en disant :*)

BOUTON D'OR

C'est encore la pas solide...

POILDEGRU, *tombe*

Nom d'un chien !

BOUTON D'OR, *aimable présente une autre chaise*

V'là la bonne...

POILDEGRU, *se relevant*

Je la trouve mauvaise... Vous voulez donc me casser le croupion... *passe à gauche* (1).

BOUTON D'OR (2)

Moi !... pas du tout... d'abord, j'casse jamais rien...

POILDEGRU, *sur le canapé*

Eh bien ! moi, je casserais bien une croûte...

BOUTON D'OR

Je n'y vois pas d'inconvénient...

POILDEGRU

Seulement, auparavant, je voudrais faire un peu de toilette. (*Riant*). Me faire beau...

BOUTON D'OR, *à part*

Ça s'ra difficile... (*Haut*). Le cabinet de toilette est là... (*Il montre la porte 2ᵉ plan droite*).

POILDEGRU, *y allant*

J'y vais... c'est égal, je vous aime mieux comme ça... Tout à l'heure, vous m'avez reçu...

BOUTON D'OR

Puisque j'vous dis que c'était pour rigoler... (*Faisant le geste de donner un coup de poing à Poildegru qui marche devant lui. A part*). Tête à gifles. (*Poildegru se retourne. Bouton d'Or prend l'air aimable et dit :*) Pour rigoler... (*Poildegru entre 2ᵉ plan droite*).

SCÈNE XII

BOUTON D'OR, puis POILDEGRU

Maintenant j'vas tâcher d'faire filer les autres... (*Il va vers le 1ᵉʳ plan droite tout en regardant la porte du 2ᵉ plan droite*). J'vas les faire filer en douceur. (*Il butte dans la valise, se rattrape à une chaise, carambole et se cramponne à un tapis, recouvrant un petit meuble. Un plateau placé sur le tapis tombe avec fracas*). Zut ! zut ! zut !

POILDEGRU (2)

en bras de chemise, paraît à la porte, 2ᵉ plan droite
Quoi, vous cassez le ménage...

BOUTON D'OR (1), *haussant les épaules*

Moi, casser quequ'chose... jamais de la vie... j'casse jamais rien...

POILDEGRU, *sortant 2ᵉ plan à droite*

Je vais me débarbouiller... j'ai la tête lourde, lourde...
(*Il sort*).

SCÈNE XIII

BOUTON D'OR, puis OCTAVE, puis VÉTIVER, puis POILDEGRU

BOUTON D'OR

C'est les cornes qui l'alourdissent... Maintenant prévenons les autres... (*Frappant doucement à la porte 1ᵉʳ plan droite*). Mon lieutenant... mon lieutenant...

OCTAVE

entrant en tenue portant un sac de dame à la main
(*A mi-voix*). Où est-il ?

BOUTON D'OR (1)

Là... y bouchonne sa tête de cornard... V'là l'moment d'vous tirer avec sa femme...

OCTAVE (2), *posant le sac sur le guéridon*

Dans deux minutes, elle sera prête... plus que quelques agrafes à mettre...

BOUTON D'OR

Faut qu'à s'grouille... faut qu'à s'grouille la tomate... l'cocu n'aurait qu'à rappliquer...

OCTAVE, *s'apprêtant à sortir 1er plan droite*

(*Riant*). Elle va se la grouiller, la tomate...

BOUTON D'OR

Chut ! pas d'bruit !
(*Sonnerie*).
(*Bouton d'Or et Octave restent cois*).

BOUTON D'OR

Qui qui vient là, bon Dieu ! (*descend à gauche 1*).

VÉTIVER

soldat ordonnance entrant 2e plan gauche (2)

Vous d'mande pardon, mon lieutenant... C'est l'colonel qui m'envoie vous chercher... (*Voyant la tenue de Bouton d'Or*). Ah ! mince !

BOUTON D'OR

Quoi ? quoi ? Ah ! mince ! Quoi qu'y a d'épatant à me voir comme ça.

VÉTIVER

T'es rigolo...
(*Bouton d'Or haussant les épaules*).

OCTAVE (3)

C'est bon en voilà assez... Que me veut-il, le Colonel ?

VÉTIVER

J'sais pas, mon lieutenant, mais y veut voir mon lieutenant tout de suite, tout de suite. Y paraît qu'c'est pour une affaire purgeante...

BOUTON D'OR

Avec ton affaire purgeante, j'crois qu'tu nous fais aller...

OCTAVE

Une affaire urgente ?...

VÉTIVER

Paraît... Même qu'y m'a dit d'vous dire qu'il m'avait
dit : « Dis au lieutenant Pimpondor qu'j'ai dit qu'il s'amène
au trot, sans ça dis-y que j'ai dit que je l'flanquerai aux
arrêts ».

OCTAVE

Allons, il faut y aller...

BOUTON D'OR

Mais, la femme au cornard ?

OCTAVE

Préviens-la... (*passe 2*) et assure sa fuite... (*A Vétiver*).
Venez... (*Au même instant, la porte de droite 2ᵉ plan
s'ouvre et laisse paraître Poildegru en pantalon et gilet de
flanelle, une serviette mouillée à la main. Il est barbouillé
de savon*).

POILDEGRU (3), *allant à Octave*

Ah ! cher ami, vous voilà !

BOUTON D'OR, *à part*

V'là c'que je craignais...

OCTAVE (2), *balbutiant*

Ou... oui... ché... cher ami c'est m... c'est moi...

POILDEGRU

Vous voyez... je suis le conseil de votre lettre... je fais
ici comme chez moi...

OCTAVE

S... sans doute... et vous... vous faites bien...

BOUTON D'OR, *guignant la porte de droite 1ᵉʳ plan*

(*A part*). Pourvu que sa femme ne rapplique pas...
vingt dieux. (*Haut à Octave*). Tu ne t'en va pas, très
cher...

OCTAVE, *un peu surpris*

Hein ? Tu te permets.

BOUTON D'OR

Je me permets de te rappeler que faut qu't'ailles au trot
chez l'colon...

POILDEGRU

Comment il faut...

BOUTON D'OR (*passe 2*)

Mais vous êtes donc bouché à l'émeri !... Je vous dis que
Pimpondor il doit s'envoler tout de suite chez le colon...
(*passant 3. A Vétiver l'air protecteur*). N'est-ce pas, mon
garçon ?

VÉTIVER (4), *épaté*

Il m'appelle : « mon garçon ! »

BOUTON D'OR

Je peux pas t'appeler : ma fille... Il t'manque un jupon
pour ça... seulement si t'as l'jupon en moins, t'as
quéqu'chose en plus (*Riant*). Eh ! eh ! eh ! quéqu'chose en
plus. (*Tapant sur le ventre à Poildegru*). Vous avez compris ?...

POILDEGRU

Mais...

BOUTON D'OR, *l'interrompant*

Ça va bien, j'suis de votre avis, faut qu'Octave se trotte
vivement... (*passant 2, à Octave*). Toi ! mon vieux ! vas-y
pas accéléré, l'colon il est pas commode... si t'arrivais en
retard, ça pèterait pour ton matricule... (*Clignant de l'œil
à Octave*). Va... va... mon vieux... fais la fuite !...

OCTAVE (1)

Tu as raison, mon vieux...
(*Vétiver (4) roule des yeux effarés, regardant tour à tour
Octave et Bouton d'Or*).

POILDEGRU (3), *à Octave*

Mais vous ne serez pas longtemps...

OCTAVE

Dame...

BOUTON D'OR

On ne sait jamais... entre cinq minutes et huit jours...

POILDEGRU

Huit jours !...

OCTAVE

Oui... oui... mon ami a raison...
(*Vétiver a l'air de se demander s'il rêve... il se pince, fait une
grimace de douleur, non il ne rêve pas*).

BOUTON D'OR, *poussant Octave dehors*

Allons, va... va... cavale-toi... cavale-toi, mon vieux cochon...

OCTAVE, *sursautant*

Ah ! mais !

BOUTON D'OR, *clignant de l'œil*

Mon vieux cochon d'salaud...
(*Vétiver donne des signes de l'ahurissement le plus complet*).

OCTAVE

Je vais... (*A Poildegru*). A tout à l'heure, cher ami...
(*A Bouton d'Or*). A tout à l'heure...

BOUTON D'OR

pendant qu'Octave sort suivi de Vétiver

A tout à l'heure ! ma vieille bique...

VÉTIVER

(*En sortant, avec le geste d'un homme qui renonce à comprendre*).
Ma vieille bique !... Ah ! merde !

SCÈNE XIV

BOUTON D'OR, POILDEGRU

POILDEGRU (2), *surpris*

Vous avez entendu ?

BOUTON D'OR (1)

Voui ! voui ! Ah ! ces soldats militaires de l'armée, c'qu'ils sont mal embouchés... ils ont toujours des sales mots dans la gueule... Mais, dites donc, à propos de gueule, si vous finissiez de décrasser la vôtre... mon vieux Poildebique...

POILDEGRU

Vous avez raison... (*Sortant 2e plan droite*). Ah ! quelle fâcheuse idée que le colonel a eue de faire appeler Pimpondor... J'espère qu'il ne tardera pas à revenir...

BOUTON D'OR, *à part*

Quand ta femme se sera débinée.

POILDEGRU, *qui a vaguement entendu*

Hein ? dans l'après-dînée ?

BOUTON D'OR

C'est ça...

POILDEGRU, *sortant 2ᵉ plan droite*

Ah ! c'est fâcheux !... c'est fâcheux...

SCÈNE XV

BOUTON D'OR, *puis* ZINETTE, *puis* POILDEGRU

BOUTON D'OR, *l'imitant*

C'est fâcheux !... c'est fâcheux !... y a pas à dire, y m'dégoûte, ce cocu-là... Occupons-nous de sa femme... (*Il va vers la porte droite 1ᵉʳ plan. Celle-ci s'ouvre et laisse paraître Zinette. Son corsage, qui s'agrafe, dans le dos est ouvert*).

ZINETTE, *entrant*

Octave !

BOUTON D'OR (2), *lui faisant signe*

Silence ! bon Dieu ! mettez une sourdine à vot'grelot... Mon lieutenant est chez le Colonel... et vot'mari est là.

ZINETTE

Pourvu qu'il ne me trouve pas ici !

BOUTON D'OR

C'est c'que je m'dis d'puis qu'il est là... Faut vous carapater vivement... la voiture doit être à la porte... filez...

ZINETTE

Dès que j'aurai fini d'accrocher mon corsage... seulement je ne peux pas y arriver toute seule... Voulez-vous m'aider.

BOUTON D'OR

Voui... madame... je veux bien... (*Il commence à agrafer le corsage*). Mince que vous avez la peau blanche... On dirait du veau... Ah ! y doit pas s'embêter mon lieutenant !

— 40 —

ZINETTE, *moqueuse*

M'sieu Bouton d'Or est connaisseur...

BOUTON D'OR

Tu parles...

ZINETTE, *se retournant*

Hein...

BOUTON D'OR

Vous parlez... vous parlez... (*Agrafant*). Y a pas à dire, c'est comme du poulet... On en mangerait...

ZINETTE

Oui... Eh bien, ça n'est pas pour votre bec...

BOUTON D'OR

Je le sais, hélas !... (*Ecoutant*). Chut... (*Il va vivement vers la droite sans lâcher le corsage ce qui fait qu'il entraîne Zinette à reculons*).

ZINETTE

Vous allez me faire tomber...

BOUTON D'OR

Chut ! (*Ecoutant*). Non... il clapote...

ZINETTE

(*Revenant milieu et entraînant Bouton d'Or qui tient toujours l'agrafe*).
Nous n'en finirons pas...

BOUTON D'OR

Mais si... mais si... ça viendra... la queue d'not'chat est bien venue...
(*Petit silence. Il s'applique attentivement à agrafer le corsage. Tous deux tournent le dos à la porte de droite, 2e plan. Celle-ci s'ouvre tout-à-coup, laissant voir Poildegru*).

POILDEGRU (3)

Tiens ! une femme.
(*Zinette (1) et Bouton d'Or (2) se retournent et poussent un cri*).

POILDEGRU (3)

Nom de Dieu ! la mienne !... Ah ! je comprends tout... misérable ! tu es son amant !...

BOUTON D'OR

Moi

POILDEGRU

Tes insultes ! c'est au mari outragé qu'elles s'adres-
saient.

ZINETTE

Barbarin !... je te jure...

POILDEGRU

Tais-toi ! gourgandine !... (*Marchant sur les autres qui
tournent autour du canapé, Bouton d'Or protégeant Zinette*).
Ah ! tu es son amant...

BOUTON D'OR

Mais non ! Bougre d'andouille... puisqu'on vous dit...

POILDEGRU

Massacre et sang !... Je vais vous écrabouiller tous les
deux !...

ZINETTE

Barbarin ! mon petit Barbarin...

POILDEGRU

Il n'y a pas de... petit Barbarin !... Je ne veux rien en-
tendre... je bous... j'écume...

BOUTON D'OR

Comme le pot-au-feu !

POILDEGRU

Le pot-au-feu dont je suis le bœuf... Eh bien ! le bœuf
devient taureau... ah ! ah ! ah ! Gare à toi ! Zinette ! gare
à toi !... (*Il va s'élancer, mais à ce moment Bouton d'Or a
amené Zinette près de la porte du 2e plan gauche. Vivement
il l'a fait sortir en disant :* Filez !
(*Elle se sauve*).

SCÈNE XVI

BOUTON D'OR, POILDEGRU

BOUTON D'OR

Coucou !... partie ! la dame...

POILDEGRU

Oh ! je la rattraperai... Et toi... j'aurai ton sang !

BOUTON D'OR

T'auras la peau...
(Poildegru se jette sur lui, ils s'empoignent).

POILDEGRU

donnant un coup de poing à Bouton d'Or

Je vais te manger le nez...

BOUTON D'OR

Non... t'aurais une indigestion... (*Il saute sur Poildegru
et frappant, poussant, le jette dans le cabinet de toilette,
2e plan droite*).

POILDEGRU

Je boirai ton sang...

SCÈNE XVII

BOUTON D'OR, puis ZINETTE, puis POILDEGRU

BOUTON D'OR, *l'enfermant*

J'sais pas si tu boiras, mais t'a trinqué... Bouclé,
l'oiseau... Enfoncé, l'tueur de tigres !... Nous sommes
sauvés !... (*Tombant sur le canapé*). Ouf ! je respire...

ZINETTE (2)

(*Entre vivement 2e plan gauche au bruit,
Bouton d'Or se relève*).

BOUTON D'OR (1)

Vous ! vous !

ZINETTE

Oui, j'ai oublié mon sac, mon argent et mes bijoux sont
dedans... où est-il ?

BOUTON D'OR, *passe* (2)

Tenez... là... le voilà !... (*Tout à coup il reste pétrifié.
Poildegru vient d'apparaître à la fenêtre*). Encore lui !

ZINETTE (1), *reculant*

Ah !

POILDEGRU, *à la fenêtre au fond*

Oui .. moi !... j'ai fui par la fenêtre... rampé le long du treillage... Cette fois, vous me m'échapperez pas... (*Zinette court vers la porte*). Arrête ! je te somme de t'arrêter...

BOUTON DOR

Ah ! tu nous sommes... et moi, j't'assomme... (*Il le pousse, Poildegru tombe au dehors*)

SCÈNE XVIII

BOUTON D'OR, ZINETTE

(*Bouton d'Or reste épouvanté de son acte, Zinette est tombée sur le canapé*).

ZINETTE (1), *bégayant*

Poipoipoi... Poildegru... par la fefefe... fenêtre...

BOUTON D'OR (2), *d'une voix sifflante*

Oui...

ZINETTE

Il doit s'être... assommé...

BOUTON DOR, *même jeu*

Oui...

ZINETTE

Regardez... regardez...

BOUTON DOR, *même jeu*

Oui... (*Avec précaution il passe la tête, regarde et éclate de rire...*)

ZINETTE

Poildegru ?...

BOUTON DOR, *gaîment*

Il a tombé dans la mare aux canards !... Il y nage ! (*L'entraînant*). Envolons-nous !

RIDEAU

DEUXIÈME ACTE

« Revue de Caleçons »

Un jardin. Mur au fond, sans porte. La porte est censément en coulisse droite 2e plan. A gauche 1er plan, pavillon praticable. Passage en coulisse derrière le pavillon. A droite, chassis d'arbres laissant passages en coulisse 1er et 2e plans. A gauche, guéridon de jardin et chaises ; banc de jardin à droite.

SCÈNE PREMIÈRE

OCTAVE, IRMA, *puis* CORNEBOEUF,
puis Mme DES MOULIÈRES, LE COLONEL, VÉTIVER

Au lever du rideau, Octave (1) est assis auprès d'Irma (2) sur le banc de jardin placé vers la droite.

Irma, très aimable, Octave préoccupé. Petit silence, coupé par Irma qui tousse deux ou trois fois pour appeler l'attention d'Octave perdu dans ses réflexions.

IRMA (**2**)

Vous ne me dites plus rien... Monsieur Paimpondor.

OCTAVE (**1**)

Oh ! je vous demande pardon, Mademoiselle. Je réfléchissais...

IRMA

A quoi ?

OCTAVE

A rien... (*Geste d'Irma*). Si... si... à quelque chose... (*Très aimable*). A quelque chose de très doux... de très bon pour moi... A l'excellente idée qu'a eue votre père, notre vénéré colonel, de me faire appeler toute affaire cessante...

IRMA

Pour vous dire que je venais d'arriver du couvent... et que... si vous m'aimiez comme je vous aime... je n'y retournerais plus...

OCTAVE

Jugez de ma surprise, de mon bonheur !... (*Il soupire. A part*). Qu'a pu faire Poildegru...

IRMA

Votre bonheur !... est-il si grand que ça ?... Vous soupirez toujours...

OCTAVE

C'est d'amour ! (*A part*). Qu'est devenue Zinette ?... (*Soupir triste*).

IRMA

Non... ça n'est pas comme ça qu'on soupire d'amour...

OCTAVE

Vous le savez donc ?

IRMA

Vous croyez donc qu'on n'apprend rien au couvent... Tenez, quand on soupire d'amour, on fait comme ça : (*Soupire langoureux*). Tandis que vous faites comme ça... (*Soupir triste*). Ça n'est pas du tout la même chose... Et c'est ce qui me fait vous dire : « Vous avez une idée en tête... une préoccupation qui vous poursuit même près de moi, même quand je vous dis : « Je suis bien heureuse de devenir votre femme. »

OCTAVE, *emballé*

Ah ! cher petit ange ! Vous avez raison... près de vous je dois tout oublier... l'odieux Poildegru, l'ingénieux Bouton d'Or, la capiteuse Zinette...

IRMA

Poildegru... Bouton d'Or.... Zinette... Quels drôles de noms !...

OCTAVE

Moi ! j'ai dit : Poil...

IRMA

Vous avez dit : Poil... Poildegru ; Zinette, Bouton d'Or... Ah !... j'y suis... je devine...

OCTAVE, *vivement*

Non… non… ne devinez pas… Vous ne pouvez… vous ne devez pas deviner…

IRMA

Me croyez-vous si sotte ?… Ce sont des noms de chevaux…

OCTAVE, *vivement*

Ou… oui… c'est ça… des noms de chevaux…

IRMA

De chevaux d'officiers… hein ?…

OCTAVE

Oui… oui… d'officier…

IRMA

Et je suis sûre que Zinette est votre monture préférée…

OCTAVE

Oui… oui… (*A part*). Et quelle monture !

IRMA

Si vous voulez… nous la monterons tour à tour…

OCTAVE

Ah ! non ! ah ! non !

IRMA

Pourquoi, vous la montez bien, vous, Zinette…

OCTAVE

Oui, mais, ça… ça n'est pas une monture pour demoiselle…

IRMA

Ah !… elle est vicieuse ?…

OCTAVE

Et comment !…

IRMA

Oh ! mais je ne veux plus que vous la montiez alors…

OCTAVE

Ne craignez rien… Maintenant, je ne la monterai plus… (*La regardant tendrement*). J'en préfère une autre… une autre monture.

IRMA

Il faudra lui donner mon nom...

OCTAVE

C'est fait.

IRMA

Oh ! ça c'est gentil... Pour la peine, je vous permets de baiser ma main...

OCTAVE

La main seulement.... Pourquoi pas ce joli cou...

IRMA

Oh ! monsieur !...

OCTAVE, *posant un baiser dans le cou*

Là... Là...

IRMA, *émue*

Oh ! Octave...

CORNEBŒUF (1)

Est sorti du pavillon, rougeaud, criard, jurant souvent.

(*Criant*). Nom d'une bretelle ! Voilà des amoureux qui ne perdent pas de temps...

(*Octave et Irma se sont levés. Irma est toute confuse*).

OCTAVE, *voulant le faire taire*

Cornebœuf...

CORNEBŒUF (1), *gaîment*

Quoi ! quoi ! Cornebœuf... J'ai bien vu que vous embrassiez Mademoiselle...

OCTAVE (2)

Je vous en prie...

CORNEBŒUF

Et, nom d'une bretelle... ça n'avait pas l'air de l'ennuyer...

OCTAVE, *fâché*

Cornebœuf, je vous prie de cesser vos plaisanteries... déplacées...

CORNEBŒUF

Comment, il se fâche, encore !... Nom d'une bretelle, c'est un peu fort... (*Se tournant vers le pavillon*). Mon colonel !... Ma colonelle...

IRMA (3)

Oh ! il appelle papa...

OCTAVE

Cornebœuf, vous me rendrez raison de votre attitude...
(Le Colonel et Mme des Moulières sortent du pavillon).

CORNEBOEUF (3), *éclatant de rire*

Rendez donc raison de la vôtre au Colonel...

LE COLONEL (2), *50 ans très bon enfant*

Pourquoi ce tapage...

Mme DES MOULIÈRES (1), *25 à 30 ans, jolie*

Qu'y a-t-il donc ?...

CORNEBOEUF, *riant*

Il y a que ce mousquetaire de Pimpondor veut me
couper la gorge parce que je l'ai trouvé...

OCTAVE (4)

Cornebœuf...

IRMA (5)

Monsieur...

} *Ensemble*

CORNEBOEUF

Parce que je l'ai trouvé en train d'embrasser Mademoiselle...

LE COLONEL, *riant*

Il n'eût plus manqué qu'il ne l'embrassât pas !...

Mme DES MOULIÈRES

Il est bien naturel qu'il embrasse sa fiancée... Et nous
l'autorisons même à recommencer...

OCTAVE, *gaîment*

Oh ! alors !... *(Il veut recommencer).*

IRMA, *se dérobant passe (4)*

Oh ! non !... pas devant le monde...

LE COLONEL

Voyez-vous cette fûtée...

Mme DES MOULIÈRES

Veux-tu que nous nous en allions ?...

IRMA *confuse, passe (2)*

Oh ! maman !... (*Elle va se jeter dans les bras de Mme des Moulières qui l'embrasse*).

LE COLONEL

Pimpondor, c'est un baiser qu'on vous vole.

IRMA

Oh ! mais je vais le rendre à Maman.
(*Elle embrasse Mme des Moulières en regardant Octave*).

Mme DES MOULIÈRES, *souriant*

Baiser menteur... Je le reçois... mais il va vers un autre.

CORNEBŒUF

Veinard de Pimpondor... Eh ! voulez-vous toujours me pourfendre ?

OCTAVE, *lui tendant la main*

Pardonnez-moi...

CORNEBŒUF, *lui serrant la main*

A la bonne heure ! nom d'une bretelle !...

VÉTIVER, *paraissant au perron 1er plan gauche*

Ma colonelle, le thé elle est prête... Oùs qu'il faut vous l'servir ? Ici, ou dans l'salon... (*Il descend au n° 3*).

Mme DES MOULIÈRES, *passe (2)*

Ici... Apportez des liqueurs pour ces messieurs... le thé leur paraîtrait trop fade...

LE COLONEL (4)

Nous préférons une bonne vieille fine Champagne... N'est-ce pas Cornebœuf...

CORNEBŒUF (5)

Deux... deux, mon colonel...

Mme DES MOULIÈRES

Et vous, Monsieur Pimpondor ?...
(*Octave qui s'est replongé dans ses idées ne répond pas*).

OCTAVE (6), *à part*

Qu'est-ce qui a bien pu se passer là-bas !...

IRMA (1)

Monsieur Octave...

OCTAVE, *même jeu*

Pourvu qu'elle ait pu s'enfuir !

LE COLONEL, *plus fort*

Pimpondor !...

OCTAVE

Mortelle inquiétude !

CORNEBŒUF, *criant*

Pimpondor !

OCTAVE, *sursautant*

Hein ? Quoi ?...

CORNEBŒUF

Etes-vous sourd ? Nom d'une bretelle !

OCTAVE

Je vous demande pardon... de quoi s'agit-il ?

Mme DES MOULIÈRES

De choisir entre le thé et le cognac.

OCTAVE

Oh ! Madame... Je prendrai comme Mademoiselle...

IRMA, *à Vétiver*

Du thé, alors...
(*Vétiver entre dans le pavillon*).

SCÈNE II

LES MÊMES, *moins* VÉTIVER

CORNEBŒUF

Du thé ! autant dire de la tisane... Pimpondor, vous êtes un homme fichu...

OCTAVE, *à part*

J'en ai peur...

IRMA, *passe* (2)

Pour être heureux, faut-il donc qu'un mari boive du cognac...

CORNEBŒUF, (*passe* 3)

Et du marc et de l'absinthe ! nom d'une bretelle !... N'est-ce pas mon Colonel !...

LE COLONEL (4)

Cornebœuf exagère...

Mme DES MOULIÈRES (1)

Il veut que tout le monde ait, comme lui, le nez rouge...

CORNEBŒUF

J'ai le nez rouge, mais je n'ai pas les foies blancs...

IRMA, *à Octave*

Enfin ! quand nous serons mariés, que boirez-vous ?

OCTAVE (3)

De l'ambroisie... comme les dieux...

Mme DES MOULIÈRES

Ah ! charmant !

IRMA

Délicieux !

LE COLONEL

Très chic...

CORNEBŒUF, *railleur*

Pimpondor a bien dit ça... (*l'imitant*). De l'ambrouasie ! Malheur ! un officier !

IRMA

Comme vous êtes taquin... Heureusement que vous ne vous êtes pas marié... Votre femme eût été à plaindre...

CORNEBŒUF

Pas tant que moi... nom d'une bretelle... pas tant que moi !... Me marier ! vous voulez donc ma mort... Mais, pour se marier, il faut être malade... ou fou...

LE COLONEL

Merci...

Mme DES MOULIÈRES

Le colonel s'est marié deux fois,.. puisque je suis sa deuxième femme... la belle-mère d'Irma...

IRMA

Oh ! ma maman tout de même...

LE COLONEL

Alors... je suis malade.

CORNEBŒUF

Dame ! mon Colonel !...

LE COLONEL

Ou maboule...

CORNEBŒUF

Les... les colonels font exception...

Mme DES MOULIÈRES *gaîment*

Oh ! le lâche !... il cane...

CORNEBŒUF

Eh bien ! non ! je ne cane pas... nom d'une bretelle...
Le Colonel a été fou de se marier, la 1re fois mais il eût
été plus fou de ne pas se marier une 2e fois parce qu'on ne
trouve pas deux femmes comme vous...

Mme DES MOULIÈRES

Oh ! le flatteur !

LE COLONEL

Sacré Cornebœuf, je ne le savais pas aussi talon rouge.

CORNEBŒUF, *comiquement précieux*

Moi !... mais je suis tout ce qu'il y a de plus dix-huitième
siècle... pompadour... trumeau des Gobelins... N'est-ce
pas, Pimpondor... (*Octave qui semble écouter au dehors
ne répond pas. Cornebœuf hurle en passant* (4). Pimpondor!

OCTAVE (5)

Oui... oui... j'aime mieux le thé !
(*Tous éclatent de rire*).

LE COLONEL (3)

Décidément, ce pauvre Pimpondor est ailleurs...

OCTAVE

Je vous demande bien pardon une absence !...

CORNEBŒUF

C'est le commencement du maboulisme...

SCÈNE III

LES MÊMES, VÉTIVER, *puis* BERNARDIN

VÉTIVER, *accourant affolé prend le n° 3*

Mon coco... mon coco...

LE COLONEL (4).

Quoi ? mon coco ?

VÉTIVER (3)

Mon coco... lonel... (*Il ne peut achever*).

LE COLONEL

Quoi ? Il y a le feu ?

VÉTIVER

Non... c'est l'eau...

Mᵐᵉ DES MOULIÈRES (*passe 2*)

L'eau !... Voyons, expliquez-vous...

VÉTIVER, *presque pleurant*

J'ai voulu tirer de l'eau fraîche... le robinet est parti...
l'eau coule dans la cuisine...

CORNEBOEUF (5)

Bah ! ça vaut mieux que si c'était du vin...

Mᵐᵉ DES MOULIÈRES

N'importe... il faut aviser... Va voir, Irma...

IRMA (2)

Tout de suite... (*Elle s'apprête à suivre Vétiver*).
(*On entend le son d'une trompette de poseur de robinets*).

LE COLONEL

Écoutez ! le voilà, le remède !

LA VOIX DE BERNARDIN

Voilà le poseur de robinets... avez-vous des robinets à
réparer...

VÉTIVER, *se précipitant à droite 2° plan*

Oh ! oui ! oh ! oui !
(*Il sort en courant*).

OCTAVE, *bondissant*

Hein ! quoi ? C'est Poildegru !...

TOUS

Poildegru.

IRMA *passe* (2)

Oui... le nom d'un cheval... Mon fiancé a l'air d'y penser plus qu'à moi...

OCTAVE, *allant à elle* (3)

Oh ! pouvez-vous penser une pareille chose !... (*A part*). Je suis idiot... idiot...

CORNEBOEUF, *passe* (4)

Avec cette histoire de robinet, on va se passer de cognac.

VÉTIVER (3)

rentrant à reculons de droite 2° plan vient au n° 3
Oui... oui... par ici...

BERNARDIN (4)

en poseur de robinets, boîte noire en bois

V'là l'poseur de rob... Oh ! pardon, mesdames... mon colonel, mes lieutenants... (*Il salue à la ronde*).

OCTAVE (5)

Mais c'est Bernardin ! mon ancienne ordonnance...

BERNARDIN

Pour vous servir, mon lieutenant...

OCTAVE

Te voilà donc poseur de robinets ?...

BERNARDIN

Y a pas de sot métier... vaut mieux poser des robinets que des lapins...

CORNEBOEUF (6)

Bien répondu ! nom d'une bretelle !
(*Pendant ces répliques, Vétiver a été plusieurs fois vers le pavillon, donnant des signes d'inquiétude croissants*).

VÉTIVER, *d'une voix lamentable*

La flotte ! elle coule toujours !

LE COLONEL, *passe* (5)

C'est vrai ! nous allons être inondés. (*A Bernardin*). Au travail ! mon garçon...

BERNARDIN

Oui, mon colonel...

VÉTIVER

Vite ! vite !
(*Il entraîne Bernardin 1er plan gauche*).

IRMA

Je vais voir ça...

CORNEBŒUF

Quand ils auront fini, n'oubliez pas de faire apporter le cognac.
(*Elle les suit. Tous trois entrent dans le pavillon*).

SCÈNE IV

LE COLONEL (2), CORNEBŒUF (3), OCTAVE (4)
Mᵐᵉ DES MOULIÈRES

LE COLONEL (2)

Tout de même embêtant, cette histoire-là.

CORNEBŒUF (3)

Bah ! l'eau n'est pas si précieuse...

Mᵐᵉ DES MOULIÈRES (1)

Elle a tout de même son utilité...
(*Octave est remonté au fond*).

CORNEBŒUF

Oui... dans l'absinthe...

LE COLONEL

Vous ne prenez donc jamais de bain...

CORNEBŒUF

Si... j'en prends un tous les deux jours... mais je prends deux absinthes par jour...
(*Depuis la sortie d'Irma, Octave regarde anxieusement vers la droite, revient, retourne, il est anxieux*).

LE COLONEL, *à Cornebœuf*

Absinthe à part... quand vous voudrez faire une bonne trempette, vous n'aurez qu'à venir ici... J'ai fait installer une piscine modèle au fond du parc...

CORNEBŒUF

Ah ! voilà une riche idée...

Mme DES MOULIÈRES

Par une chaleur comme celle de ces jours derniers, c'est délicieux de prendre un bain froid.

CORNEBŒUF

Je vous crois...

LE COLONEL

Si le cœur vous en dit, nous pourrons tirer quelques brasses tout à l'heure...

CORNEBŒUF

Avec plaisir...

LE COLONEL

En attendant voulez-vous visiter l'installation.

CORNEBŒUF

Avec re... plaisir... Vous venez, Pimpondor ? (*Octave ne répond pas*). Pimpondor !!!

OCTAVE

qui est redescendu au n° 4, toujours absorbé

Merci... je le prends sans crème...
(*Tous rient*).

LE COLONEL

Pour le coup ! vous avez quelque chose...

Mme DES MOULIÈRES

Vous semblez inquiet ! Vous regardez sans cesse vers la porte du jardin...

CORNEBŒUF

J'y suis !... Des créanciers ! Pimpondor craint ses créanciers...

OCTAVE

Je n'en ai pas...

CORNEBŒUF

Veinard !

OCTAVE

Seulement j'attends une réponse que doit m'apporter mon ordonnance...

LE COLONEL

Allons ! venez avec nous visiter ma piscine... ça vous rafraîchira les idées...

Mme DES MOULIÈRES

Non... je garde le lieutenant... j'ai à lui parler... Vous voilà de faction .. ou de corvée...

OCTAVE, *aimable*

Faction que l'on prend avec joie, qu'avec regret l'on quitte...

CORNEBŒUF

Et aïe donc !... encore un madrigal !... ce qu'il en pond !... Nom d'une bretelle ! ce qu'il en pond... Allons voir la piscine...

LE COLONEL

Venez... Jaloux !...

CORNEBŒUF

Jaloux !... ah non !... (*A Pimpondor*). Au revoir, galant berger (*comiquement précieux*) poète pour devises d'éventail... mais rappelez-nous quand viendra le cognac ! nom d'une bretelle.
(*Il sort 2e plan gauche, derrière le colonel*).

SCÈNE V

Mme DES MOULIÈRES, OCTAVE,
puis **ALFRÉDINE**

Mme DES MOULIÈRES (1), *sur le banc*

Nous voilà seuls... allons ! dites-moi la vérité...

OCTAVE (2), *près d'elle*

La... vérité... sur quoi, madame...

Mᵐᵉ DES MOULIÈRES

Sur ce qui vous préoccupe... sur votre maîtresse, enfin !...

OCTAVE

Je vous assure...

Mᵐᵉ DES MOULIÈRES, *souriant*

Que vous n'avez pas de maîtresse !... Je ne vous crois pas... Un lieutenant du régiment de mon mari ! pas de maîtresse !... vous seriez déshonoré et tout le régiment avec vous !...

OCTAVE

Pourtant...

Mᵐᵉ DES MOULIÈRES

Allons... vous pouvez bien m'avouer cela, à moi... une maman... bientôt une belle-mère... horreur !... une belle-mère !

OCTAVE

Une belle-mère de 25 ans... une maman qui paraît aussi jeune que sa belle-fille...

Mᵐᵉ DES MOULIÈRES

N'importe !... d'ailleurs, je le connais votre secret... Votre maîtresse est jalouse... vous craignez qu'elle vienne ici vous faire une scène...

OCTAVE

Elle ! ah ! elle ne doit guère y songer en ce moment...

Mᵐᵉ DES MOULIÈRES

Ah !... vous voyez bien que vous en avez une...

OCTAVE

Eh bien ! oui ! là ! j'ai une maîtresse... et puisque vous êtes si bonne, je vais vous mettre au courant de la situation... s'il arrive une catastrophe, vous pourrez m'aider à la parer...

Mᵐᵉ DES MOULIÈRES

Une catastrophe.

OCTAVE

Ah ! c'est que Poildegru est d'une jalousie féroce.

Mᵐᵉ DES MOULIÈRES

Un cheval, jaloux !...

OCTAVE

Poildegru n'est pas un cheval... c'est un tigre...

Mme DES MOULIÈRES

Un tigre ?

OCTAVE

Un tigre de mari... s'il se doute que Zinette le trompe je ne réponds de rien...

Mme DES MOULIÈRES

Mais comment saurait-il ?...

OCTAVE, avec volubilité

Elle est chez moi... lui aussi... Bouton d'or doit la sauver dans la voiture qu'Alfrédine a dû faire venir, dans la chambre à coucher où elle s'habille, mais le tigre peut s'apercevoir de son départ... il a eu un accident de chemin de fer... dans mon cabinet de toilette... avec la lettre que j'ai eu la bêtise de lui écrire... Comprenez-vous mon anxiété.

Mme DES MOULIÈRES

Moi... je ne comprends rien du tout... Parlez plus clairement... ne perdez pas la tête... ni le fil de vos idées... Allez...

OCTAVE

Voilà... Primo chez moi, une Parisienne Zinette, mariée ; secundo : son mari explorateur...

Mme DES MOULIÈRES

Ah ! le tigre est tueur de lions...

OCTAVE

Non... il n'a jamais tué que le temps... (Reprenant). Son mari explorateur vient chez moi. Tertio : mon ordonnance qui a l'air bête, mais qui ne l'est pas, se charge de faire partir maîtresse à la barbe mari ; Quarto : Pas de nouvelles, moi, inquiet...

Mme DES MOULIÈRES

Compris ! Vous, craignez, violences, mari !

OCTAVE

Oui... Sans nouvelles, moi, inquiétude grande...

Mᵐᵉ DES MOULIÈRES, *souriant*

Dites donc... si nous parlions autrement que petit nègre...

OCTAVE, *se lève et passe* (1)

Ah ! parlons comme vous voudrez ! mais ça ne me rassurera pas. D'autant plus qu'une chose me terrifie... même si Zinette a pu s'échapper de chez moi, elle n'aura pu prendre le train puisque l'accident a dû encombrer la voie... peut-être erre-t-elle par la ville, poursuivie par l'infâme Poildegru... (*S'interrompant*). Ah ! là... là !... à la grille...

Mᵐᵉ DES MOULIÈRES (2), *se lève regarde*

Rien d'effrayant... Je ne vois qu'une jolie fille...

OCTAVE

Alfrédine !... c'est Alfrédine ! la boniche à Zinette... (*Passant* (2) *et appelant*) Alfrédine ! entre... vite... (*Alfrédine entre vivement, prend le* (3).

OCTAVE (2)

Eh bien !...

ALFRÉDINE (3), *affolée*

Tout est fichu ! Le tigre est lâché !... quand j'ai ouvert la porte il a bondi de la mare où il barbotait comme un crocodile... J'ai eu peur... je me suis sauvée... Il m'a poursuivie en criant : « J'aurai leur peau ! »

OCTAVE

Mais Zinette ?

ALFRÉDINE

Partie, sans doute...

Mᵐᵉ DES MOULIÈRES (1)

Mais le tigre qui est un crocodile, qui l'a jeté dans la mare ?

ALFRÉDINE

Sans doute Bouton d'Or.

OCTAVE

sur un geste interrogatif de Mᵐᵉ *des Moulières*
Mon ordonnance...

ALFRÉDINE

Ah ! M'sieu Octave !... si Poildegru nous retrouve, nous sommes fichus...

OCTAVE

Ça n'est pas pour moi que je crains... mais Zinette !...
(A Mme des Moulières). Je veux bien la lâcher, mais il faut
d'abord que je la sauve... Que faire ! que faire ?

Mme DES MOULIÈRES

Éviter tout scandale... d'abord... Si Irma apprenait tout
cela, peut-être ne voudrait-elle plus se marier...

OCTAVE

Mais que faire ? que faire ?

Mme DES MOULIÈRES

Cette brave fille va rester ici,... elle aidera au service.

ALFRÉDINE

Oh ! merci, madame...

Mme DES MOULIÈRES

Pour le reste, nous aviserons... (souriante à Octave).
Que dites-vous de votre future belle-mère ?

OCTAVE, lui baisant la main

Qu'elle est la plus délicieuse des femmes...

SCÈNE VI

LES MÊMES, LE COLONEL, CORNEBOEUF

Cornebœuf et le Colonel rentrent.

CORNEBOEUF (4)

Nom d'une bretelle !

OCTAVE (2), et ALFRÉDINE (5), sursautant

Poildegru !...

CORNEBOEUF

Un gendre baisant la main de sa belle-mère...

Mme DES MOULIÈRES, passe (2)

Future...

LE COLONEL (3)

— Quelle est cette jeune fille ?...

Mme DES MOULIÈRES (2)

Une protégée du lieutenant Pimpondor... je la prends à mon service...

LE COLONEL

Parfait...

CORNEBŒUF, à *Octave*

Très bien, votre protégée... (*A Alfrédine*). Si tu veux, ma belle, je te protégerai aussi...

ALFRÉDINE, *l'air offusquée*

Oh ! monsieur ! (*Bas*). J'dis point que non...

LE COLONEL

Cornebœuf, vous êtes indécent... Venez... Vous aussi, Pimpondor...
(*Ils entrent dans le pavillon*).

Mme DES MOULIÈRES, à *Alfrédine*.

Je vais vous envoyer l'ordonnance.... il vous mettra au courant...
(*Elle suit le Colonel*).

OCTAVE, *sortant aussi*

Quelle sale affaire ! mon Dieu ! quelle sale affaire !

SCÈNE VII

ALFRÉDINE, BERNARDIN, *puis* VÉTIVER

ALFRÉDINE, *seule examinant*

Chouette ! la maison... Si l'ordonnance n'est pas trop moche, je crois que je m'y plairai, mais il faut que l'ordonnance me plaise aussi... parce que, moi, j'aime la culotte rouge.... (*Bruit de voix 1er plan gauche*). Ah ! l'ordonnance sans doute.

BERNARDIN

paraissant sur le perron et tournant le dos

C'est solide ! que j'te dis, c'est solide...

ALFRÉDINE (2)

Non ! ça n'est pas l'ordonnance...

BERNARDIN

répondant à une phrase qu'on a pas entendue

Ah ! ça va bien !
(*Il se retourne et reste stupéfait*).
Ah !

ALFRÉDINE, *même jeu*

Bernardin !

BERNARDIN

Alfrédine !.... (*Allant vivement à elle et voulant l'em brasser*). Didine !

ALFRÉDINE, *se dégageant très digne*

Permettez... mon cher...

BERNARDIN

Quoi ? c'est ma boîte qui te gêne... J'vas la poser comme un simple robinet...

ALFRÉDINE, *méprisante*

Ce n'est pas votre boîte... C'est votre costume...

BERNARDIN

Et bien ! qu'est-ce qu'il a mon costume ?... (*Cherchant voir derrière lui*). J'n'ai pas un accroc dans le fond d'mo grimpant...

ALFRÉDINE

C'est vot'prestige qu'en a un, d'accroc... Vous vous êt pas regardé...

BERNARDIN

Moi ! j'fais qu'ça... J'en ai l'torticolis...

ALFRÉDINE

Vous avez pas vu qu'vous êtes en civil... en simple civ qu'est même pas soldat..

BERNARDIN

Dame... puisque je suis libéré !... (*Voulant lui prend la taille*) mais ça n'empêche pas les sentiments...

ALFRÉDINE

Ça empêche les miens de sentiments...

BERNARDIN

Quoi ? fini l'amour nous deux.... Voyons ! ça n'est pas possible... J'te gobe toujours moi ! Quoi ! j'suis pas plus déchiré qu'avant...

ALFRÉDINE

Oui... mais, vous n'avez pas la culotte rouge...
(*Vétiver paraît l'air toujours godiche*).

VÉTIVER (1), *à Alfrédine*

C'est vous, la boniche que j'dois mettre au courant...

ALFRÉDINE, *passe (2), lui faisant les doux yeux*

Oui... c'est moi...

BERNARDIN (3), *furieux*

C'qu'elle le reluque...

ALFRÉDINE, *frôleuse à Vétiver*

Et vous... beau brun... Voulez-vous t'y que j'vous mette au courant ?

VÉTIVER (1) *naïf*

Au courant de quoi !...

ALFRÉDINE

Des choses d'amour...

BERNARDIN, *indigné*

Oh !

VÉTIVER, *s'éloignant d'Alfrédine*

Ah ! ben ! dites donc !... En v'là une effrontée...

ALFRÉDINE

Quelle gourde !...

BERNARDIN

C'est bien fait ! c'est bien fait ..

ALFRÉDINE, *à Vétiver*

Ça t'fait donc rien quand j'te r'garde comme ça...

VÉTIVER

Si... ça m'embête... Et puis d'abord, j'veux pas qu'vous me tutoyez...

ALFRÉDINE

Quelle couche !

BERNARDIN

J'suis t'y content... j'suis t'y content !

ALFRÉDINE

Y a pas de quoi, tu sais... (*Montrant Vétiver*). Il es
moche, il est gourde... mais j'l'aurai tout d'même. (*A
Vétiver*). Oui, j't'aurai, fleur de pochetée... à cause de t
culotte...
(*Elle entre dans le pavillon*).

SCÈNE VIII

VÉTIVER, BERNARDIN

VÉTIVER (1)

Ma culotte !.. quoi qu'elle a ma culotte ? quel toupe
qu'elle a c'tte fille là... Elle m'aura ! elle m'aura !... Quo
qu'elle a voulu dire ?

BERNARDIN (2)

Ne cherche pas à comprendre... Mais en revanche
retiens ceci... « Si tu marches avec Alfrédine, j'te cass
les abatis ».

VÉTIVER

Ben sûr que si tu me casses les abatis, j'pourrai plu
marcher.

BERNARDIN, *s'en allant 2ᵉ plan droite*

T'as compris... Crac !... les abatis...
(*Il sort*).

SCÈNE IX

VÉTIVER, BOUTON D'OR

VÉTIVER, *allant vers la droite*

Ah ! mais... ah ! mais ! j'commence à ne pas être très
rassuré. Elle, elle veut m'embrasser... lui, il veut me
rosser... ça n'va plus ! ça n'va plus...
(*La tête de Bouton d'Or paraît au-dessus du mur au fond.
Il a son costume de la fin du premier acte. Dolman de lieutenant et caleçon*).

BOUTON D'OR, *à mi-voix*

Eh ! ah !

VÉTIVER, *cherchant d'où vient la voix*

Quoi qu'on m'veut encore..

BOUTON D'OR

Vétiver... Eh ! Vétiver...

VÉTIVER, *l'apercevant*

Quoi qu'c'est... Ah ! le lieutenant Bouton d'Or... J'vas prévenir le colon... (*Mouvement pour aller à gauche*).

BOUTON D'OR

Fais pas ça... bon Dieu ! fais pas ça... Écoute... y a pas ici un nommé Poildegru.

VÉTIVER

Non...

BOUTON D'OR

Y a du bon...

VÉTIVER

Alors j'm'en y vas... (*même jeu*).

BOUTON D'OR

Attends donc, vingt dieux !... Passe-moi une chaise que j'me casse pas la margoulette.

VÉTIVER

J'sais pas si je dois...

BOUTON D'OR

Je te l'ordonne...

VÉTIVER

Mais..

BOUTON D'OR

J'ai-t-y des galons d'officier, oui z'ou non ?...

VÉTIVER

Bien sûr tu les as...

BOUTON D'OR

Alors, je t'ordonne de m'obéir... sans ça, ça pètera pour ta citrouille... Vite, une chaise...

VÉTIVER, *l'apportant*

V'là la chaise...

BOUTON D'OR (1), *descendant*

Là, me v'là dans la place... Maintenant, va ouvrir à la dame que tu vois à la grille...

VÉTIVER (2)

Pas besoin... elle n'est pas fermée...

BOUTON D'OR

Tu ne pouvais donc pas me dire ça... j'aurais pas risqué de me casser la colonne perpucrale en sautant le mur !... (*Faisant signe en coulisse*). Vous pouvez v'nir... Vot' cornard est pas là... (*Expliquant à Vétiver*). L'cocu c'est son mari...

VÉTIVER

Alors c'est toi qui... (*Geste d'embrasser*).

BOUTON D'OR

Non... c'est le lieutenant qui... (*Geste d'embrasser*) mais c'est moi que... (*geste de se battre, de nager, de s'enfuir, termine en pose de héros*). Voilà... t'as compris ?...

VÉTIVER

Pas du tout...

BOUTON D'OR

Ça ne fait rien...

SCÈNE X

LES MÊMES, ZINETTE

ZINETTE (2), *comme à la fin du 1ᵉʳ acte*

Eh bien ?

BOUTON D'OR (1)

Vot'tyran il est pas là... On va voir le lieutenant pour qu'il nous tire d'embarras.

ZINETTE

C'est ça !... (*A Vétiver*). Le lieutenant Pimpondor est encore ici...

VÉTIVER (3)

Pour sûr... même que le lieutenant est bien de la maison...

BOUTON D'OR

Il a la manille… et le manillon…

ZINETTE, à *Vétiver*

Vite ! allez le prévenir qu'une dame désire lui parler…

VÉTIVER

Je n'sais pas si je dois… c'est à voir…

BOUTON D'OR, *montrant ses galons*

Et ces galons-là, est-ce que tu les vois… s'pèce d'andouille…

VÉTIVER, *allant à lui passe (2)*

Y sont pas à toi, ces galons…

BOUTON D'OR (1)

Pas à moi… pas à moi… Veux-tu que je te colle deux jours pour te faire voir si y sont pas à moi… Veux-tu que je te fasse passer au tourniquet pour refus d'obéissance envers un supérieur, espèce d'inférieur que tu es ?… Veux-tu ?…

VÉTIVER, *passe (1)*

Non… non… j'vas prévenir le lieutenant… *(Va vers la gauche)*. Et… tiens… c'est pas la peine… le v'là avec la colonelle…

BOUTON D'OR

La colonelle !… et je suis en caleçon !…
(Il cherche quelque chose pour mettre devant lui et, ne trouvant rien, prend le guéridon et se le colle sur le ventre).

VÉTIVER

Expliquez-vous ensemble… j'vas voir si mon robinet n'coule plus… *(Il entre dans le pavillon).*

SCÈNE XI

OCTAVE, Mme DES MOULIERES,
BOUTON D'OR, ZINETTE.

BOUTON D'OR (1)

Paraît qu'son robinet est avarié… Pauv'type, va…

— 70 —

ZINETTE, *regardant venir Octave*

Octave a l'air rudement bien avec la colonelle... Est-ce que la colonelle... (*Elle fait des cornes*).

BOUTON D'OR, *allant à elle avec le guéridon*

Eh là ! faut pas dire du mal de la colonelle... c'est une chouette fumelle, vous savez...

ZINETTE

Bon... bon... on n'y touchera pas...
(*Octave et M*me *des Moulières entrent, Bouton d'Or reprend son guéridon et se masque le ventre avec*).

OCTAVE (2)

Zinette ! Bouton d'Or ! ici !... Vous avez donc échappé au Poildegru...

BOUTON D'OR (3)

Pas sans peine, mon lieutenant... a fallu que je le balancetique dans la mare aux canards...

ZINETTE (4)

Nous avons fui... mais à la gare... pas de train...

BOUTON D'OR

De plus, mon costume attirait tous les regards... les gosses me suivaient en criant : « A la chienlit ! »

ZINETTE

Nous ne savions plus que faire...

BOUTON D'OR

Alors, j'm'ai dit : Mon lieutenant est chez le colonel allons-y !... Mme la colonelle elle a un cœur de 1re classe, c'est une bonne bougresse de femme, elle nous tirera d'embarras...

Mme DES MOULIÈRES, *qui était en (1), passe (2)*

Et vous avez eu raison, mon garçon... (*à Zinette passant 3*). Le lieutenant m'a tout dit...

OCTAVE *passe (2)*

Et madame veut bien nous aider...

ZINETTE (4)

Merci, madame...

Mme DES MOULIÈRES (3)

A une condition, pourtant... c'est que, quoi que vous voyiez, vous ne ferez pas de scandale...

ZINETTE (4)

Oh ! madame ! je ne demande qu'une chose... Échapper à mon mari, et retourner à Paris... Là, je me charge de lui prouver que c'est lui qui est dans son tort...

BOUTON D'OR (1)

à part, tenant toujours son guéridon

C'est-y vicieux les fumelles... c'est-y vicieux !

OCTAVE, *à Zinette*

Pour que le colonel ne s'étonne pas de ta présence, tu passeras pour une nouvelle bonne... Alfrédine lui a déjà été présentée ainsi...

BOUTON D'OR

Alfrédine est là... Chouette ! (*Il veut esquisser un entrechat, son guéridon le gêne*).

Mme DES MOULIÈRES, *passe* (2)

Pourquoi tenir ainsi ce guéridon... ça vous gêne.

BOUTON D'OR

C'est que j'suis t'en caleçon... et que ce vêtement léger et indiscret il laisse deviner mon... ma... mon caractère...

Mme DES MOULIÈRES, *riant*

Je comprends !...

BOUTON D'OR

Alors, moi que j'suis pas bête, j'ai pris c'truc là pour cacher mon... ma confusion...

Mme DES MOULIÈRES

C'est ingénieux...

BOUTON D'OR

Mais c'est lourd...

OCTAVE

Et puis tu ne peux passer ta vie avec un guéridon sur le ventre...

BOUTON D'OR

A Paris, y a bien le nègre de la Porte St-Denis qui a
une horloge... c'est plus léger... seulement j'en avais pas
sous la main... j'ai pris le guéridon...

Mme DES MOULIÈRES

Nous allons arranger cela... (*Appelant*). Vétiver !

SCÈNE XII

LES MÊMES, VÉTIVER

VÉTIVER (2)

Ma colonelle elle m'a hélé...

Mme DES MOULIÈRES (3)

Prêtez un de vos uniformes à ce garçon...

VÉTIVER

Un uniforme...

BOUTON D'OR (1)

Oui... quoi ? un phalzar et une veste... Je r'deviens
simple bibi de 2e classe... Va ! j't'emboîte... (*A Mme des
Moulières*). Ma colonelle, j'vas ôter mon guéridon...
Voulez-vous t'y tourner le dos...

Mme DES MOULIÈRES, *riant*

Si vous voulez... (*Elle se retourne*).

BOUTON D'OR

posant le guéridon et suivant Vétiver

Oh ! c'est pas que j'sois mal fait... y a plus d'un général
de division qu'il a pas des formes comme les miennes.

OCTAVE (4)

Bon ! bon ! on ne le demande pas de détails... file...

BOUTON D'OR

Oui, mon lieutenant... (*Suivant Vétiver qui entre dans
le pavillon*) c'que j'en disais, c'était à seule fin que ma
colonelle elle s'imagine pas que je suis cagneux... ou ban-
croche... J'suis bien fait, moi... J'suis très bien fait...
J'suis mignon, quoi...
(*Il sort derrière Vétiver*).

SCÈNE XIII

OCTAVE, Mme DES MOULIÈRES, ZINETTE

Mme DES MOULIÈRES

Un type, cet ordonnance... (*Elle a un peu suivi Bouton d'Or*).

ZINETTE (3), *bas à Octave*

C'est ta maîtresse, cette femme-là...

OCTAVE (2), *bas*

Non... (*Regardant Zinette dans les yeux*). C'est ma future belle-mère...

ZINETTE, *bas*

Tu te maries !... Ah ! chameau ! (*Elle le pince*).

OCTAVE

Aïe !...

Mme DES MOULIÈRES, *se retournant*

Qu'y a-t-il ?

OCTAVE

Rien... rien... (*Se frottant le bras*). Une douleur... Mais ça ne sera rien... c'est fini... (*A Zinette*). Oh ! oui ! c'est fini !

LA VOIX DE CORNEBŒUF, *2e plan gauche*

C'est épatant ! nom d'une bretelle !

Mme DES MOULIÈRES

Voici le colonel et M. de Cornebœuf. (*A Octave*). Retenez-les un instant... le temps de transformer Madame en boniche... Venez, madame... (*Elle va vers le pavillon*).

ZINETTE, *en passant devant Octave*

Mufle ! mufle ! mufle !
(*Elle sort avec la Colonelle*).

SCÈNE XIV

OCTAVE, LE COLONEL, CORNEBŒUF

LE COLONEL (2)

venant avec Cornebœuf du 2ᵉ plan gauche

Ma femme n'est pas là ?

OCTAVE (3)

Non, mon colonel, elle est en train de mettre au courant une nouvelle bonne.

LE COLONEL

Encore !... c'est une maladie !... Elle en veut donc un régiment...

CORNEBŒUF (1)

Hé ! hé ! un régiment de boniches... ça ne serait pas si désagréable !

OCTAVE

Satyre !

CORNEBŒUF

L'ennemi serait sûrement vaincu par elles...

OCTAVE

Je crois plutôt que le régiment des boniches se ferait enfoncer.

LE COLONEL (1)

Si ça continue, nous allons dire des grivoiseries... *(faisant passer Cornebœuf en n° 2)* Cornebœuf, allez faire la course dont vous me parliez tout à l'heure... mais n'oubliez pas l'heure du bain froid...

CORNEBŒUF (2)

Avec un soleil comme celui-là ! il n'y a pas de danger que je l'oublie... A tout à l'heure, mon colonel... A tout à l'heure, doux fiancé !... Fiancé !... pour un soldat, drôle de situation ! nom d'une bretelle !

(Il sort à droite 2ᵉ plan).

SCÈNE XV

LE COLONEL, OCTAVE

OCTAVE (2)

Quel type !

LE COLONEL (1)

Oui... mais brave type... Dites donc, Pimpondor, en l'attendant, je vous fais une partie de boules...

OCTAVE

A vos ordres, mon colonel...

LE COLONEL
en s'en allant vers la droite 1er plan

Dites donc, vous avez l'air mieux dans votre assiette que tantôt... on dirait que vous avez un poids de moins sur l'estomac...

OCTAVE

Oh ! oui ! oh oui ! j'ai un poids de moins... Et quel poids. (*A part*). Poïldegru !

LE COLONEL

Mon cher, sur l'estomac, il ne faut avoir que des petits pois verts... des petits pois... ça charge moins. (*Il sort par le 1er plan droite avec Octave en chantonnant*). Ah ! les p'tits pois ! les p'tits pois !

SCÈNE XVI

POILDEGRU, *puis* VÉTIVER

(La tête de Poïldegru paraît au-dessus du mur. Il a changé de vêtements, et porte un complet assez voyant).

POILDEGRU

Voilà donc l'habitation où se trouve mon rival... mon assassin... si j'en crois un soldat qui m'a dit que je le trouverais dans cette maison. Entrons-y !... (*Il saute dans le jardin*). Oh ! cet homme ! je veux lui manger le foie ! je veux boire son sang... Quand à ma coquine de femme, gare à elle... Tâchons de les retrouver... (*Il va regarder à droite-1er plan*).

VÉTIVER (1), entrant de gauche

Mon robinet va on ne peut mieux... (*Voyant Poildegru*). Tiens ! un civelot... Hé ! l'pékin ! quoi qu'c'est que vous voulez ?...

POILDEGRU (2) se retournant

Lui bouffer le cœur...

VÉTIVER

Hein ? Quoi ?

POILDEGRU

Me baigner dans son sang...

VÉTIVER

Pour les bains de sang, c'est pas ici... c'est à l'abattoir... Oùsqu'on tue les bêtes à cornes...

POILDEGRU, furieux

Pourquoi parlez-vous de cornes ? Est-ce une allusion ? Parle !... mais parle donc...
(*Il lui prend le bras*).

VÉTIVER

Lâchez-moi le bras, sacré nom d'un chien ! vous me faites mal...

POILDEGRU

Alors, réponds... Le lieutenant de Cornebœuf est bien ici, n'est-ce pas...

VÉTIVER

Bien sûr... ou plutôt, il y était, seulement il est parti... mais il va revenir...

POILDEGRU

C'est bien !... Je l'attendrai... (*Tirant une lettre*). Quand tu le verras, remets-lui cette lettre... Tiens ! voilà pour la peine... (*Il lui donne une pièce blanche*). Voilà vingt sous.

VÉTIVER

Merci, m'sieur... (*Regardant la pièce*). Dites-donc, c'est une pièce de cinq sous.

POILDEGRU

Ça ne fait rien... garde-la tout de même, je ne suis pas à cela près...

VÉTIVER

Alors vous êtes un ami du lieutenant de Cornebœuf ?

POILDEGRU, *prêt d'éclater*

Moi !... (*Se reprenant*), Oui... je suis son ami... son tendre ami... et j'ai hâte de le serrer dans mes bras... (*A part*). Pour l'étouffer...

VÉTIVER

Alors, attendez-le ici... Moi, j'vas faire une course en ville... Si je vois le lieutenant, j'y donnerais vot'lettre... S'il arrive avant moi, vous y direz vous-même ce qu'il y a dedans... mais l'pourboire sera tout de même pour moi.

POILDEGRU (1), *le faisant passer devant lui*

Oui, va... tu garderas les quarante sous...

VÉTIVER (2), *s'en allant*

Mais puisque ça n'est qu'une pièce de nick...

POILDEGRU, *le poussant vers la sortie*

Ça ne fait rien... ça ne fait rien... garde tout...

VÉTIVER

sortant 2ᵉ plan droite en regardant la pièce.

Garde tout... j'crois bien, une sale pièce de cinq sous !... Qué pignoufs que ces pékins.

SCÈNE XVII

POILDEGRU, *puis* **BOUTON D'OR,** *puis* **ZINETTE**

POILDEGRU

Si mon rival lit ma lettre, il ne refusera pas de se battre, de venger son honneur... ou alors c'est qu'il n'en aura pas... d'honneur...

VOIX DE BOUTON D'OR, *dans le pavillon*

Bien, ma Colonelle... J'y vais...

POILDEGRU

Cette voix... on dirait...

BOUTON D'OR (1)

(Paraît sur le seuil tournant le dos. Il porte un seau à charbon).
Dans le jardin à droite ?... la remise au charbon de
bois... Bien ma Colonelle...

POILDEGRU (2)

Cette tournure !... mais, c'est lui... C'est lui !... *(Se
cachant).* Cette fois, je la tiens, ma vengeance !

BOUTON D'OR

J'ai compris, ma colonelle... *(Il se retourne, traverse la
scène, sans voir Poildegru. Il chantonne).*

Un canard déployant ses ailes.
Coin, coin, coin !

POILDEGRU (1), *qui s'est approché à pas de loup*

Disait à sa canne fidèle...

BOUTON D'OR (2), *se retournant*

Coin, coin, coin !
*(Reconnaissant Poildegru, il reste penaud, une jambe en
l'air).*

POILDEGRU (1), *ironique*

Vous ne continuez pas votre chanson ?

BOUTON D'OR, *à part*

Le cocu !... jouons serré... *(Haut).* Et pourquoi que je
ne la continuerais pas...

POILDEGRU, *même jeu*

Je pensais que ma présence vous couperait l'envie de
chanter...

BOUTON D'OR

Vot' présence ? elle me coupe rien du tout... A preuve...
(Il chante).

Halte-là ! halte-là ! halte-là !
Y a z'un cornard ! *(bis)*
Halte-là ! halte-là ! halte-là !
Y a z'un cornard qu'est là !

POILDEGRU

Assez ! assez ! assez ! C'est trop d'impudence ! Non seulement vous vous fichez de moi, mais encore, vous essayez de prévenir votre complice !...

BOUTON D'OR, *à part*

C'est vrai, ça... j'voulais prévenir sa femme...

POILDEGRU

Ha ! ha ! vous ne chantez plus !... Monsieur le lieutenant...

BOUTON D'OR

Un lieutenant ? Où ça ? Oùsqu'il est le lieutenant ?... (*Il fait mine de chercher. Regarde dans le seau*). Je ne le vois pas, le lieutenant...

POILDEGRU

Je vous dis qu'en voilà assez !... Il y a trop longtemps que vous me raillez...

BOUTON D'OR

Ah ! mais faudrait voir à me ficher la paix ; mon bonhomme... Si je raille, toi tu dérailles...

POILDEGRU

Un officier ! employer un pareil langage !

BOUTON D'OR

Mais bougre d'iroquois, oùsque tu vois un officier ?...

POILDEGRU

Assez de subterfuges !

BOUTON D'OR

Subterfuges toi-même... J'suis t'un officier ? moi ?... Eh bien, mes galons, oùsqu'y sont ?

POILDEGRU

Parbleu ! vous m'avez vu dans le jardin... vous avez revêtu ce déguisement... Mais n'espérez pas m'échapper... il n'y a pas de mare aux canards pour m'y jeter...

BOUTON D'OR

Y a p't'être pas de canard... mais il y a une fameuse oie !...

POILDEGRU

Vous me paierez ces insultes avec le reste !... Allons, Monsieur le lieutenant de Cornebœuf... Vos armes ? votre heure ? votre endroit ?

BOUTON D'OR

En fait d'endroit, j'ai bien envie de botter ton envers...

POILDEGRU

Encore une fois, ce langage est indigne de vous.. Parlez le langage des gens du monde... le langage de votre classe.

BOUTON D'OR

Moi ! j'suis de la classe 1912... J'ai pas un autre langage que celui des autres trouffions....

POILDEGRU

Ah ! c'est ainsi... lâche suborneur... Voleur d'honneur.

BOUTON D'OR

Votre honneur ! j'l'ai pas sur moi... on peut m'fouiller...

POILDEGRU

Je te forcerai bien à te battre... Je te gifle !
(Il envoie une gifle à Bouton d'Or, mais celui-ci se baisse vivement, la main de Poildegru passe au-dessus de sa tête. Emporté par le mouvement, Poildegru fait deux ou trois pas en tournoyant. Bouton d'Or en profite pour le coiffer du seau à charbon, en disant :

BOUTON D'OR, *passe* (2)

Moi, je te coiffe !... Mince de haut-de-forme... Tu l'as le galure...
(A ce moment Zinette sort du pavillon. Elle est en boniche).

ZINETTE (1)

En voilà du bruit...
(Bouton d'Or (3), lui fait signe de se taire et de s'en aller).

ZINETTE

Que voulez-vous dire ?

POILDEGRU

a retiré le seau, il a le visage noir

Misérable ! je vais... (*Il voit Zinette*). Ma femme ! ma femme ! ici !
(Zinette va parler. Bouton d'Or lui coupe la parole).

BOUTON D'OR, *passe* (2)

Bon ! V'là qu'il prend là bonne pour sa femme !... il est complètement marteau, ce type-là !

POILDEGRU (3)

Vous osez me soutenir que ce n'est pas là ma femme... ma femme qui me fait cocu avec vous !

ZINETTE (1)

Votre femme vous fait peut-être cocu...

BOUTON D'OR

Il a bien une tête à ça...

ZINETTE

Mais votre femme ! ça n'est pas moi !

POILDEGRU

Tu oses me soutenir que tu n'es pas Zinette !... Zinette Poildegru, mon épouse...

ZINETTE

Tâchez de ne pas me tutoyer... hein ?

POILDEGRU, *hors de lui, à Bouton d'Or*

Tu oses me soutenir que tu n'es pas le lieutenant Cornebœuf.

BOUTON D'OR

Non... mais... faut soigner ça !

POILDEGRU, *se tenant la tête*

Oh ! ma tête ! ma tête !

SCÈNE VIII

LES MÊMES, Mᵐᵉ DES MOULIÈRES

Mᵐᵉ DES MOULIÈRES (1), *venant du pavillon*

Eh ! bien ! Bouton d'Or, et ce charbon ?...

BOUTON D'OR (3)

J'peux pas y aller !... V'là un louftingue qui tient mon seau...

ZINETTE (2)

Cet homme, qui s'appelle Poildegru. (*Elle appuie sur le nom*). Cet homme prétend que je suis sa femme...

BOUTON D'OR

Il veut que je sois le lieutenant de Cornebœuf !...

Mme DES MOULIÈRES, *riant*

Quelle est cette plaisanterie ?...

POILDEGRU (4), *anéanti*

Voyons... voyons... je ne suis pas fou !... Je reconnais bien celui qui m'a roué de coups... Je suis bien sûr de voir là, devant mes yeux, celle qui m'en a fait voir de toutes les couleurs...

BOUTON D'OR

Jaune... surtout...

POILDEGRU

Je n'ai pourtant pas de la m...outarde dans les yeux... Vous vous entendez tous pour me monter le coup...

Mme DES MOULIÈRES, *passe 3*

Monsieur, je ne vous permets pas... Je suis Mme des Moulières, femme du colonel du 737e de ligne, et je vous dis : « Cet homme n'est pas M. de Cornebœuf... c'est un simple soldat de 2e classe... »

BOUTON D'OR

Par protection...

POILDEGRU

Et cette femme-là n'est pas la mienne ?

Mme DES MOULIÈRES

C'est ma bonne... Célestine Pivolet...

POILDEGRU

Alors ! vous avez tous raison... Je suis fou ! fou à lier ! bon à mettre à Charenton !...

BOUTON D'OR

A toi le cabanon... la douche... la camisole de force...

POILDEGRU

Eh bien ! non ! non ! non ! ça n'est pas possible !... je ne me trompe pas... et je vais...

Mme DES MOULIÈRES

Mme DES MOULIÈRES

Vous allez sortir d'ici... sinon, j'appelle mon mari... il vous mettra bien à la raison...

BOUTON D'OR, *retroussant ses manches*

Oh ! pas besoin du colonel... j'm'en chargerai bien tout seul...

POILDEGRU, *rageant*

Soit... je pars... Mais je vous préviens que je vais monter la garde au-dehors... Dussé-je y passer la nuit... je ne partirai pas sans avoir vu M. de Cornebœuf... Et si l'on m'a trompé !... si l'on s'est fichu de moi ! ah ! ah ! ah ! on verra une belle vengeance ! La vengeance de Poildegru !
(*Il sort vivement à droite 2e plan*)

SCÈNE XIX

LES MÊMES, *moins* POILDEGRU

(*Bouton d'Or le suit des yeux*)

BOUTON D'OR (1)

Il se trotte pour de bon...

ZINETTE (2)

Oh ! Madame ! que de remerciements... vous m'avez sauvée...

Mme DES MOULIÈRES (3)

Et je m'en réjouis... Mais si le Colonel apprenait ça !...

BOUTON D'OR

Faut pas qu'il l'apprenne... Et puis M'ame Poildegru n'est pas sauvée tant que ça... Il est teigne, le cornard, il est tenace... sûrement il va rôder autour de la maison... S'il rencontre M. de Cornebœuf, s'il lui parle, ça va faire un bouzin de tous les diables...

Mme DES MOULIÈRES

Il faudrait prévenir le lieutenant...

ZINETTE

Oui... oui... c'est cela, c'est tout simple...

BOUTON D'OR

C'est tout simple !... comme vous y allez... On peut pas y envoyer Alfrédine... le cornard la connaît... Vous pouvez pas y aller, ni moi non plus, il nous suivrait...

Mme DES MOULIÈRES

C'est vrai !... comment faire ?...

ZINETTE

Oh ! mon petit Bouton d'Or... tâchez de nous tirer de là... vous qui êtes si malin... Sans ça, je suis fichue... Vous l'avez entendu rugir, le tigre ! il est capable de tout...

BOUTON D'OR

Allons, vous faites pas de bile... Rentrez dans le pavillon avec Mme la Colonelle... Moi, j'vas réfléchir à notre affaire en allant chercher le charbon... Ça m'étonnerait que j'trouve pas un bon truc...

Mme DES MOULIÈRES

Bouton d'Or, nous nous fions à vous... Tirez-nous de là...

ZINETTE

Il nous en tirera... Il roulerait le diable !

BOUTON D'OR

J'vas toujours essayer de rouler le Poildegru...
(Zinette et Mme des Moulières entrent dans le pavillon).

SCÈNE XX

BOUTON D'OR, *seul*

BOUTON D'OR

prend son seau et se dirige lentement vers la droite 1er plan (Imitant les deux femmes).
« Bouton d'Or, nous nous fions à vous... Il nous en tirera... il roulerait le diable... » Possible... mais je suis tout de même rudement embarrassé... Faudrait que je trouve un truc... un déguisement pour sortir sans être reconnu par le Poildegru... Voyons ! il doit guetter tous les soldats et tous les officiers... Faudrait donc se procurer un

costume de pékin... C'est pas ici que j'trouverai ça.
(*Il sort en réfléchissant, semblant répondre à des objections
qu'il se fait mentalement*). Evidemment... Non !... Si...
Cependant... (*Il a déjà disparu, qu'on l'entend encore*).
Ah ! flûte ! j'y perds mon latin !

SCÈNE XXI

BERNARDIN, *venant de droite 2e plan*

Y a pas à dire... depuis que j'ai revu Alfrédine, elle ne
me sort plus de la tête... J'l'idolâtre, cette femme-là...
Alors, je suis revenu... j'vas encore essayer de l'attendrir.
Seulement, v'là le chiendent, elle va m'envoyer bouler...
je l'entends d'ici : « J'veux plus rien savoir... j'aime pas
les pékins !... J'aime le pantalon rouge ». Malheur ! j'peux
pourtant pas rengager. Enfin, j'vas essayer tout de même...
(*Il va vers le pavillon, tandis que Bouton d'Or revient avec un
seau de charbon. Il est toujours dans ses réflexions*).

BOUTON D'OR (2)

Sûrement... un vêtement de civil... v'là c'qu'il me faudrait... (*Voyant Bernardin qui cherche à voir dans l'intérieur du pavillon*). Mais en v'là un de civil... Seulement,
il voudra jamais me prêter ses frusques... J'peux pourtant
pas l'assassiner pour les lui prendre... C'est des choses
qui s'fait pas... Mais quéqu'c'est donc que ce type-là... et
qu'est-ce qu'il a à reluquer dans la maison ? (*Il pose brus-
quement son seau. Au bruit Bernardin se retourne*).

BERNARDIN (1)

Tiens ! Bouton d'Or...

BOUTON D'OR

Tiens ! Bernardin !...
(*Ils se serrent la main*).
Ça va bien mon vieux cochon...

BERNARDIN

Ça dépend de quoi ? mon vieux salaud... Pour c'qui est
d'gagner sa vie... ça colle...

BOUTON D'OR

T'as un bon métier à c'qui paraît...

BERNARDIN

Tu sais, j'fais pas la pige à Rotschild... mais j'y arrive, quoi...

BOUTON D'OR

Alors qu'est-ce qui ne va pas...

BERNARDIN

Le cœur !...

BOUTON D'OR

Ah ! mon pauv'vieux... t'as des palpitations ?

BERNARDIN

Oh ! oui ! oh ! oui que j'en ai !...

BOUTON D'OR

Oh ! ben, mon vieux chameau, j'connais un remède épatant pour ça... C'est une vieille rebouteuse de mon patelin qui me l'a donné... Voilà !... Tu prends 17 grammes de rognures d'ongle d'une pucelle de 47 ans et 3 mois, 3 cheveux d'une femme rousse ayant eu 14 enfants dont 6 jumeaux ; 2 centimètres de la peau d'un invalide amputé du bras gauche ; 1 sou de tabac à priser ; 3 clous de fer à cheval provenant d'une jument baie avec des balzanes aux jambes de devant ; 6 pattes de crapaud, un œil de perdrix, et treize gueules-de-loup cueillies au clair de lune par un enfant de 15 jours né d'une mère auvergnate et d'un père polonais... Tu calcines, tu réduis en poudre et tu avales ça dans un litre de rhum bien chaud... C'est souverain...

BERNARDIN

Oui... mais c'est compliqué... Et puis, pour me guérir, c'est pas ça qu'il faudrait que j'prenne...

BOUTON D'OR

Quoi donc que c'est ?

BERNARDIN

Une femme... j'suis hamoureux...

BOUTON D'OR, *apitoyé*

Ah ! mon pauv'salaud !...

BERNARDIN

Amoureux d'une femme qui n'veut pas d'moi !...

BOUTON D'OR

Pourquoi ça... parce que t'es dans la mouise ?

BERNARDIN

Non... parce que je suis dans le civil... Elle aime la culotte rouge... Aussi, j'donnerais je ne sais pas quoi pour m'présenter à elle en uniforme...

BOUTON D'OR, *vivement*

Vrai !...

BERNARDIN

Puisque j'te l'dis...

BOUTON D'OR

Comme ça se trouve ! moi j'ai besoin d'un costume de civil... Veux-tu changer ?

BERNARDIN

Tu blagues !...

BOUTON D'OR

Ah ! je blague ! ah ! je blague ! Eh ! bien ! viens dans la remise au charbon, et tu verras si je blague ! Ça colle-t-y ?

BERNARDIN

Ça colle...

BOUTON D'OR

Viens vite !

BERNARDIN, *passant devant*

Comme ça, Alfrédine ne me repoussera plus...

BOUTON D'OR, *s'arrêtant*

Ah !... c'est Alfrédine ?

BERNARDIN

Oui.

BOUTON D'OR, *à part avec une courte hésitation*

Tant pis ! (*Haut*). Viens tout de même !
(*Ils sortent 1ᵉʳ plan droite*).

SCÈNE XXII

POILDEGRU, seul.

POILDEGRU

Il faut que j'en aie le cœur net... Ces gens là ont beau dire... Je ne suis pas fou !... (*Il saute dans le jardin*). Quand je devrais fouiller toute la maison, je trouverai celui et celle que je cherche... Voyons par là...
(*Il sort gauche 2ᵉ plan*).

SCÈNE XXIII

CORNEBŒUF, VÉTIVER

VÉTIVER (2), *entrant suivant Cornebœuf*

Je vous assure que je ne savais pas ce que la lettre contenait...

CORNEBŒUF (1)

Je le crois foutre bien !..., Nom d'une bretelle ! sans ça, tu n'y couperais pas de 15 jours de boîte, avec ma botte au cul par-dessus le marché. . Je voudrais bien trouver le sagouin qui m'a écrit une lettre pareille. Me traiter de lâche ! moi ! Amilcar de Cornebœuf ! Nom d'une bretelle ! il y aurait de quoi faire éventrer tout un corps d'armée ! (*Allant au pavillon*). Va me falloir un sacré verre de cognac pour me faire avaler ça... (*Il entre dans le pavillon*).

VÉTIVER

Mince de raffût ! c'que ça va péter dans la chambrée ! (*Il entre aussi dans le pavillon*).

SCÈNE XXIV

BERNARDIN, BOUTON D'OR

BERNARDIN (1), *en soldat*

Merci.. mon vieux Bouton d'Or...

BOUTON D'OR

dans le costume et avec les accessoires de Bernardin

Y a pas de quoi !... va ! veinard ! va vers tes amours... (*Bernardin entre dans le pavillon*).

SCÈNE XXV

BOUTON D'OR, POILDEGRU

BOUTON D'OR

Moi ! je vais où m'appelle le devoir... C'est dur, de lui
laisser Alfrédine... mais c'est bath de sauver la connaissance de mon lieutenant. (*Il soufle dans sa trompette*).
Avez-vous des robinets à réparer !...
(*Il va vers le 2ᵉ plan droite*).

POILDEGRU (1), *rentrant de gauche*

Mon ami... un mot s'il vous plaît...
(*Bouton d'Or (3), se retourne les deux hommes poussent un
cri simultané*).

POILDEGRU

Ah ! cette fois ! tu ne m'échapperas pas !... (*Il s'élance
sur Bouton d'Or*).

BOUTON D'OR

lui lançant la boîte de Bernardin dans les jambes

Penses-tu ?
(*Poildegru butte dans la boîte et s'étale tandis que Bouton
d'Or s'élance dans le pavillon*).

SCÈNE XXVI

POILDEGRU, *puis* CORNEBŒUF, VÉTIVER,
LE COLONEL, OCTAVE, Mᵐᵉ DES MOULIÈRES, IRMA

POILDEGRU, *courant vers le pavillon*

Où est-il ? Où est-il ? le bandit... Ah là ! sans doute...
(*Il heurte violemment Cornebœuf qui sortait du pavillon*).

CORNEBŒUF (1)

Faites donc attention ! nom d'une bretelle !

POILDEGRU (2), *voulant passer*

J'aurai sa peau !...

CORNEBŒUF, *le retenant*

Vous pourriez bien vous excuser !... On ne bouscule pas ainsi le lieutenant de Cornebœuf.

POILDEGRU, *reculant effaré*

Cornebœuf !... Cornebœuf... Vous !... Vous !

CORNEBŒUF

Sans doute ! moi !

POILDEGRU

(*Avec un grand cri*). Ah !... c'est effrayant ! Trois fois il a changé de vêtements... maintenant il a changé de tête... Ou alors, Poildegru, tu as perdu la tienne !

CORNEBŒUF

Poildegru !... le signataire de la lettre... Ah ! salaud ! tiens ! (*Il le gifle*).

(*A ce moment, Vétiver, M*me *des Moulières, Irma sortent du pavillon, le Colonel et Octave viennent du 2*e *plan gauche*)

CRIS DIVERS

Qu'y a-t-il ?...
Pourquoi ces cris...
(*Vétiver reste au fond*).

LE COLONEL (4)

Ah ! ça ! on se tue ici ?...

OCTAVE (3), *à part*

Poildegru !

CORNEBŒUF (5)

C'est cet imbécile qui prétend que j'ai changé de tête... et de vêtements...

POILDEGRU (6), *à demi-fou*

Oui... gredin... Ce matin je t'ai vu en caleçon... puis en soldat... puis en poseur de robinets... maintenant je te vois en officier... mais tu n'as plus le même visage... ôte ce masque !... ôte-le !...

TOUS

Il est fou !...

POILDEGRU

Fou de rage ! oui !...

IRMA (2)

Il me fait peur...

OCTAVE

Ne craignez rien...

POILDEGRU, à Octave

Ah ! te voilà ! faux ami ! c'est chez toi que Cornebœuf était ce matin... tu es son complice... mais j'aurai ton sang... le sien... Ah ! ah ! ah ! (Il va vers Octave).

LE COLONEL

Enlevez-le !...
(Vétiver et Cornebœuf empoignent Poildegru et l'entraînent vers le 1er plan droite).

POILDEGRU

J'aurai votre peau ! votre peau à tous !...

LE COLONEL

Enfermez-le dans la remise au charbon jusqu'à ce qu'il se calme...

POILDEGRU, qu'on entraîne

J'en mangerai du Cornebœuf !

SCÈNE XVII

LE COLONEL, OCTAVE, IRMA, Mme DES MOULIÈRES,
puis CORNEBŒUF, VÉTIVER

OCTAVE (3), à part

Infortuné Poildegru !

IRMA (2)

Vous connaissez donc cet homme ?

OCTAVE

Oh ! très vaguement...

LE COLONEL (4)

Vouloir que Cornebœuf ait changé de tête... c'est inimaginable... il est tout à fait marteau...

Mme DES MOULIÈRES (1)

Oh ! tout à fait !

VÉTIVER (6), revenant avec Cornebœuf

Ça y est... il est bouclé... le louphoque...

CORNEBŒUF (5)

C'est qu'il n'en démord pas… il veut que je l'aie fait
coc… (à Irma). Pardon, Mademoiselle Que je l'aie fait…
(Il fait des cornes avec ses doigts). On n'a pas idée de ça !
Nom d'une bretelle ! J'en ai chaud !

LE COLONEL

Pour vous rafraîchir, venez donc faire une plein eau…
Vous venez Octave ?…

OCTAVE

Oui, mon colonel…

Mme DES MOULIÈRES, à Irma

Viens… nous prendrons aussi notre bain…

CORNEBŒUF

Pleine eau générale… ça va être épatant… nom d'une
bretelle…

Mme DES MOULIÈRES

Nous prenons notre bain à part…

IRMA

Nous avons notre piscine particulière…

CORNEBŒUF

Tant pis ! tant pis…

OCTAVE

Cornebœuf vous devenez indécent…

LE COLONEL

Lui… c'est un satyre !… (A Vétiver). Allons, viens, toi…
l'empoté… tu sais que je t'ai promis de t'apprendre à
nager.

VÉTIVER, pendant la sortie générale

Mon colonel est bien bon… Seulement je lui demanderai de ne pas faire comme la dernière fois… il m'a fait
boire la goutte…

LE COLONEL

Non… non… tu es comme Cornebœuf, tu ne veux pas
avaler de l'eau…

CORNEBŒUF

Il a raison, nom d'une bretelle.
(Tous sont sortis 2e plan gauche).

SCÈNE XXVIII

BOUTON D'OR, ZINETTE

BOUTON D'OR (2), *sortant du pavillon avec Zinette* (1)

Ça y est, vous voilà tranquille... vous avez vu comme ils l'ont emboîté...

ZINETTE (1)

Oui... et je vous avoue que cela m'a fait quelque chose... Dame ! s'il est jaloux, il n'a pas tout à fait tort... et puis, ça prouve qu'il m'aime...

BOUTON D'OR

Voilà bien les fumelles... pardon... les dames !... Tout à l'heure ! vous auriez fait n'importe quoi pour lui échapper... à présent, vous v'là toute chose...

ZINETTE

Il n'est plus à craindre... je le plains... Et puis, Octave se marie... je vais être toute seule... Ah ! si j'avais su !

BOUTON D'OR

Seulement... Voilà... on ne sait jamais...

ZINETTE

Hélas !... Voyons, mon petit Bouton d'Or... vous n'avez pas dans votre inépuisable sac à malices, un moyen de faire croire à mon mari que je ne l'ai jamais trompé...

BOUTON D'OR, *réfléchissant*

Non... j'vois pas... P't'être bien pourtant...

ZINETTE

Allons, un petit effort d'imagination...

BOUTON D'OR

Voyons... vous y tenez bien... bien ; à vous raccommoder avec le Poildegru...

ZINETTE

Oui... j'y tiens...

BOUTON D'OR

Alors, pas un moment à perdre... Le domicile de M'sieur Octave est tout près d'ici... vous allez y courir... mettre votre costume de voyage, prendre votre valise, et puis... mais vous expliquer ça ici nous ferait perdre du temps... j'vous accompagne un bout de chemin, je vous expliquerai ça en marchant.

(Il l'emmène vers la droite 2ᵉ plan).

ZINETTE

Et vous êtes sûr que ça réussira ?

BOUTON D'OR

Je le crois... mais pour être sûr, j'peux pas l'garantir... Je ne suis pas sorcier...

ZINETTE

Presque...
(Ils sortent 2ᵉ plan droite).

SCÈNE XXIX

POILDEGRU, *seul*

(Poildegru paraît 1ᵉʳ plan droite. Il regarde si on ne le voit pas et s'avance avec précaution).

POILDEGRU

La cabane était en bois... J'ai soulevé deux planches du toit et je me suis évadé... Etant sur le toit j'ai aperçu là-bas mes ennemis sur le point de se déshabiller... cette fois je tiens le moyen de reconnaître sûrement mon rival... Je vais ramper jusque là... Dès qu'ils auront retiré leurs pantalons, je les enlèverai... Je me souviens du caleçon que portait ce matin l'amant de ma femme... celui qui aura un caleçon semblable sera mon rival... Cette fois, je la tiens ma vengeance... Rampons sur le sentier de la guerre !...

(Il sort en rampant à gauche 2ᵉ plan).

SCÈNE XXX

ALFRÉDINE, *puis* BOUTON D'OR

ALFRÉDINE

sortant du pavillon et parlant à Bernardin resté à l'intérieur

Je te dis non... là !... non ! non ! et non... et je te défends de me suivre... (*A part*). Il m'embête, ce Bernardin... Il a eu beau se mettre en soldat pour me plaire, puisqu'il ne l'est plus, ça n'est pas la même chose...

BOUTON D'OR (2), *entre* (*à part*)

Je crois que mon truc réussira...

ALFRÉDINE (1), *à part*

C'est celui-là que je gobe ! (*Haut*) Ah ! mon petit Bouton d'Or ! Elle t'en doit une fière chandelle, ma patronne !

BOUTON D'OR

J'dis pas non... J'dis pas non...

ALFRÉDINE

Elle devrait bien te donner une récompense...

BOUTON D'OR

J'en veux pas ! je ne me dévoue pas pour de l'argent...

ALFRÉDINE

Oh ! je sais bien... Seulement elle pourrait te donner une autre récompense... une récompense... d'amour.

BOUTON D'OR

T'es bête... Elle m'aime pas. V'là qu'elle r'aime son Poildegru de mari à c't'heure !... Et puis, moi, c'tte femme-là, ça serait pas ma pointure...

ALFRÉDINE, *câline*

Et moi ?... j'la serais-t-y, la pointure ?...

BOUTON D'OR

Dame... oui... seulement y a Bernardin...

ALFRÉDINE

Bernardin !... j'en veux pas... j'l'ai envoyé à l'ours...
c'est toi que j'gobe, mon petit Bouton d'Or... mon petit
Bouton d'amour...

BOUTON D'OR

Vrai !

ALFRÉDINE

Oh ! voui ! oh ! voui ! j'te gobe !

BOUTON D'OR

Eh bien, moi aussi, j'te gobe ! et quand tu voudras, j'te
l'prouverai.

ALFRÉDINE

Tout de suite si tu veux...

BOUTON D'OR

Tout de suite ? y a pas plan... On n'aurait qu'à nous
surprendre...

ALFRÉDINE

Y a pas de danger... Bernardin est dans la maison... Les
autres sont à la baignade... viens là .. (*Elle passe 2 et
montre le 1er plan droite*). Y a la réserve au fourrage...
le foin, c'est doux...

BOUTON D'OR

C'est rudement risqué...

ALFRÉDINE

Tu serais-t-y godiche ?

BOUTON D'OR

Godiche ! moi ! ah ! bien, oui !

ALFRÉDINE

Ou ça serait-il que tu serais plus malin en paroles qu'en
action...

BOUTON D'OR

Ah ! faudrait pas me mettre au défi...

ALFRÉDINE

Chiche ! capon qui s'en dédit...

BOUTON D'OR

Allons-y ! alors ! (*Entrainant Alfrédine*). A la baïon-
nette ! (*Ils sortent 1er plan droite*).

SCÈNE FINALE

POILDEGRU, *puis* LE COLONEL, CORNEBŒUF,
OCTAVE, VÉTIVER, BERNARDIN, Mme DES MOU-
LIÈRES, IRMA, *puis* BOUTON D'OR, ALFRÉDINE,
puis ZINETTE.

*(On entend des cris à gauche 2e plan : Au voleur ! arrêtez-
le !.. Puis Poildegru entre en courant, portant une brassée de
pantalons rouges.*

POILDEGRU

Les voilà ! je les ai tous ! tous ! leurs pantalons ! Je vais
donc le connaître mon rival !

*Cris : Le voilà ! Le voilà ! Le Colonel, Octave, Cornebœuf,
Vétiver entrant en caleçon. Ils ont leur dolman et leur képi.
Mme des Moulières et Irma à demi-déshabillées. Bernardin, en
soldat, sort du pavillon. Vétiver (1), Bernardin (1 bis), Irma (2),
Mme des Moulières (3), Octave (4), Cornebœuf (5), Colonel (6),
Poildegru (7).*

LE COLONEL

Ah ! voleur ! nous te tenons !

POILDEGRU *déçu, les examinant*

Le caleçon n'y est pas !...

CORNEBŒUF

Nom d'une bretelle ! c'est le fou !

POILDEGRU

Non ! encore une fois, je ne suis pas fou !... Ce matin
j'ai surpris ma femme avec un homme en caleçon *(Ici la
description du caleçon que portait Bouton d'Or au 1er acte)*
ce caleçon je croyais le trouver parmi les vôtres... Il n'y
est pas...

BERNARDIN

Attendez... un caleçon comme celui-là, j'en connais un...

Mme DES MOULIÈRES *à part*

Aïe !

OCTAVE, *à part*

Diable !

LE COLONEL, *passe* (5)

Tu as vu un caleçon comme celui-là ?...

POILDEGRU, *passe* (6)

Où ! où ! où !

CORNEBŒUF (7)

Sur qui ?

BERNARDIN

Sur Bouton d'Or...

OCTAVE, *à Mme des Moulières*

Nous sommes flambés...

LE COLONEL

Où donc est-il, ce Bouton d'Or ?...

CORNEBŒUF

Appelons-le.

TOUS

sauf Octave et Mme des Moulières

Bouton d'Or ! Bouton d'Or...

LE COLONEL

Il ne répond pas...

OCTAVE, *soulagé*

Ouf !

BERNARDIN

Il est dans quelque coin, avec Alfrédine !

LE COLONEL

Ça serait trop fort... (*Appelant*). Bouton d'or, viens ici ! je te l'ordonne...

BOUTON D'OR

en caleçon, suivi d'Alfrédine en jupon, du foin dans les cheveux

Me v'là ! mon colonel !

POILDEGRU

Le caleçon !... c'est lui ! (*lui sautant à la gorge*). Réponds, misérable... Où est ta complice ! où est Zinette ?...

BOUTON D'OR

Zinette ?...
(Zinette entre de droite 2ᵉ plan, en costume de voyage, une valise à la main, vient en 7)

ZINETTE, *l'air candide*

Me voici, mon ami...

POILDEGRU

Toi !... en costume de voyage...

ZINETTE

Sans doute, puisque je descends du chemin de fer...

BOUTON D'OR, *à part*

Très bien... mon petit truc marche...

POILDEGRU, *ne sachant plus que croire*

Toi !... tu descends du chemin de fer ?...

ZINETTE

Oui... Je t'attendais à Paris... J'ai appris l'accident arrivé à ton train... Inquiète, je suis accourue... Tu n'étais pas chez notre ami Pimpondor... on m'a dit que je te trouverais ici... Me voilà... Mais qu'as-tu ? Tu as l'air tout drôle...

POILDEGRU

Oh ! ma tête ! ma tête... Mais pourtant, le caleçon... la femme de ce matin !...

BOUTON D'OR

C'était Célestine... ma connaissance... elle et votre femme se ressemblent comme deux gouttes d'eau...

POILDEGRU, *à Zinette*

Oh ! et je t'ai soupçonnée ! Je te demande pardon. (*Il tombe à genoux*).

CORNEBOEUF, *allant à Bouton d'Or*

(*Bas*). Je ne coupe pas là-dedans... moi... tu m'expliqueras ça...

BOUTON D'OR, *montrant Poildegru*

Quand le cocu ne sera plus là...

CORNEBŒUF

Il l'est donc ?

BOUTON D'OR

A fond !... Nom d'une bretelle !

COUPLET AU PUBLIC (Peut se supprimer)

AIR : *Et voilà !*

TOUS

Bouton d'Or ! Bouton d'Or !
C'est le plus malin, l' plus fort
Roi des Ordonnances,
V'nez le r'voir
Demain soir
Il vous fera rire encor
Ce joyeux Bouton d'Or !

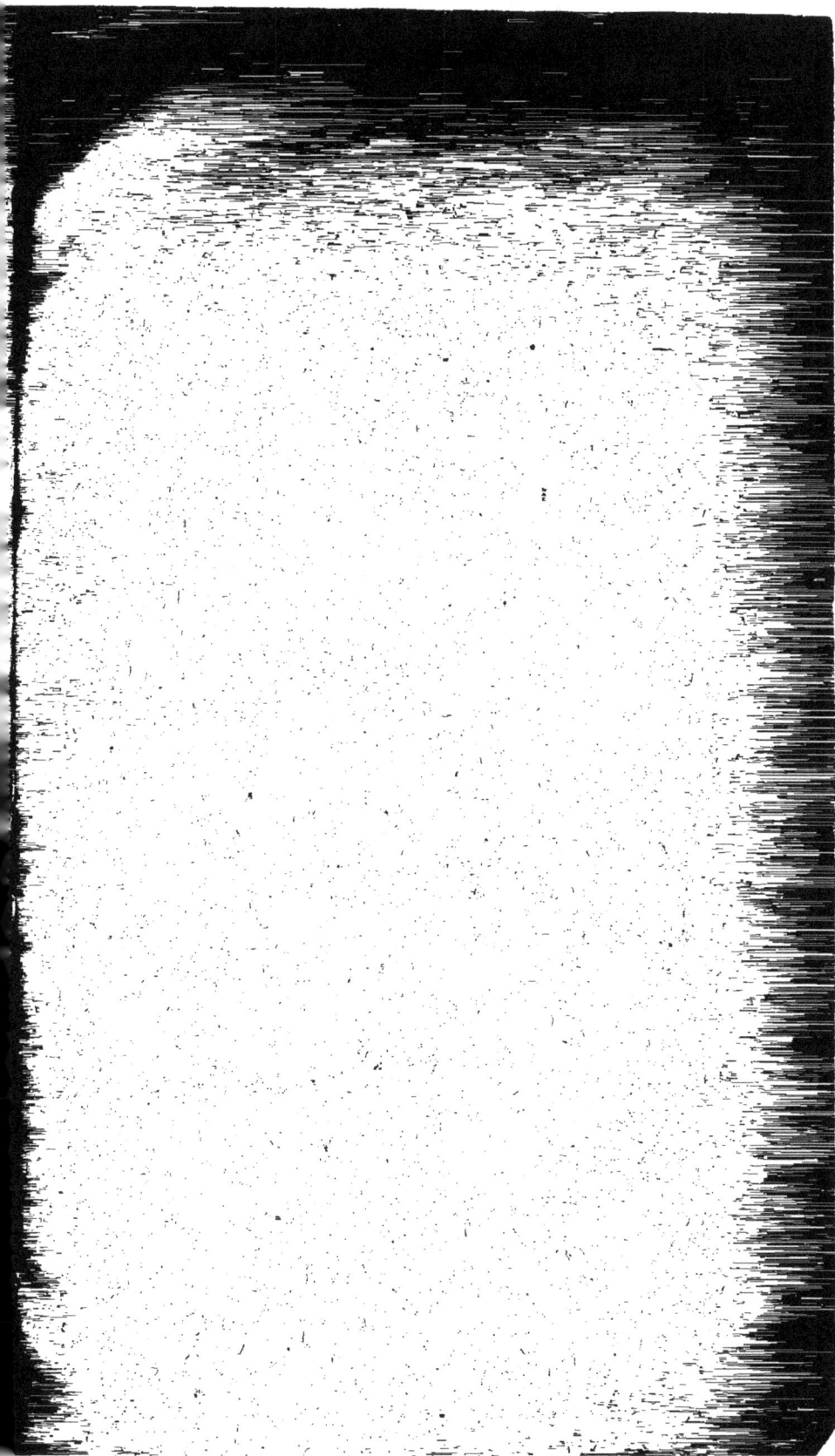

	Femmes	Hommes
Un Coq pour deux Poules	2	
L'Hôtel des Amours	3	3
Bonne par intérim	2	2
Il y a Dubois et Dubois	3	2
Un véritable Ami	2	2
Un Maire sans culotte	2	3
Le Portefeuille	2	3
Le Secrétaire	2	2
Les Filles de l'hôte	3	4
Cours de maintien	2	2
La pipe	2	3
La Lanterne rouge	2	3
Ces sacrées Femmes	4	4
La patte de Homard	2	3
Leur Proie, drame	2	1
Le Docteur Fénikё	3	4
Rendez-moi ma femme	2	3
Le Sauveur	3	3
Le Mariage de Laure	2	4
Le Cœur et la Loi, drame	3	4
L'Etau, drame	1	5
Le roi va à dame	2	3
La Revanche du Bagnard, drame	2	2
L'Abbé Fleuriot, comédie	3	3
Le Pianophobe	1	1
Panuchard	3	3
Le Vieux, drame (Répertoire du Grand Guignol)	2	3
Oh ! la Vache	2	3
L'utilité du Mari	1	1

www.ingramcontent.com/pod-product-compliance
Lightning Source LLC
Chambersburg PA
CBHW071522200326
41519CB00019B/6036